Jesús Muñoz Martínez

Control autobalanceado tipo péndulo invertido para robot móvil Piero

Jesús Muñoz Martínez

Control autobalanceado tipo péndulo invertido para robot móvil Piero

Guía para la realización de controladores LQR y PID con Matlab Simulink para robots móviles.

Editorial Académica Española

Imprint
Any brand names and product names mentioned in this book are subject to trademark, brand or patent protection and are trademarks or registered trademarks of their respective holders. The use of brand names, product names, common names, trade names, product descriptions etc. even without a particular marking in this work is in no way to be construed to mean that such names may be regarded as unrestricted in respect of trademark and brand protection legislation and could thus be used by anyone.

Cover image: www.ingimage.com

Publisher:
Editorial Académica Española
is a trademark of
International Book Market Service Ltd., member of OmniScriptum Publishing Group
17 Meldrum Street, Beau Bassin 71504, Mauritius

Printed at: see last page
ISBN: 978-620-2-13409-5

Agradecimientos

A Esther, mi mujer, por su apoyo durante todos estos años, a María, mi hija, por su paciencia y comprensión cuando quiere que su padre tenga más tiempo para jugar con ella. A mis padres y hermanos que siempre me han animado y valorado en los momentos difíciles. A Antonio, mi tutor, por su tiempo y porque sabe valorar mi esfuerzo. A amigos y profesores por el tiempo que hemos compartido en estos años de formación académica. Y por último a Coque, que aprendió a no ladrar mientras realizaba este proyecto.

Abreviaturas.

ADC	Analog-Digital converter	Conversor analógico digital
CdG	Gravity center	Centro de gravedad
DMP	Digital motion processor	Procesador de movimiento digital
LQR	Linear quadratic regulator	Regulador lineal cuadrático
LQG	Linear quadratic gaussian	Lineal cuadrático gaussiano
MISO	Multiple inputs single outputs	Múltiples entradas una salida.
PID	Proportional integral derivative	Proporcional, integral y derivativo
PWM	Pulse With Modulation	Modulación de ancho de pulso
SCL	Serial clock line	Reloj de línea serie
SDA	Serial data line	Línea de datos serie
SI	International System of Units	Sistema internacional de unidades
UART	Universal Asynchronous receiver/ transmitter	Receptor/transmisor universal asíncrono

Contenido

Índice de figuras.

Índice de tablas.

Capítulo 1. Introducción.

1.1.Objeto.

La finalidad de este libro es poner de manifiesto los conocimientos adquiridos tras cursar el Grado de Ingeniería Electrónica Industrial y profundizar en temas específicos de la especialidad del grado, dentro de las competencias académicas y atribuciones profesionales del título. Por ello, ha de servir de motivación para la adquisición de nuevos conocimientos de interés para el alumno no vistos en profundidad en la carrera.

Este es el caso de este trabajo, el cual, desarrollado sobre el robot Piero, diseñado por el Departamento de Ingeniería de Sistemas y Automática, basado en hardware libre (Arduino), y con herramientas proporcionadas por la Universidad de Málaga como es el software Matlab Simulink, permite al estudiante hacer viables sus propias ideas y diseños. La idea de este libro y otros trabajos surgió el curso pasado en el desarrollo de la asignatura de Regulación Automática donde el alumnado estuvo en contacto con este robot.

Este libro profundiza en la Teoría de Control y en la Robótica, al convertir al robot Piero en autobalanceado, situación en la cual se comporta como un péndulo invertido. Para ello, hay que resolver este problema implementando un control de equilibrio y desarrollar sus posibles aplicaciones con controles de velocidad y giro.

El péndulo invertido es un problema comúnmente utilizado, debido a su complejidad, como ejemplo de estudio en las asignaturas de Automática y en los cursos de Física. Normalmente se trata de un péndulo invertido que se desplaza sobre un carro de cuatro ruedas. Esta configuración puede variar, como es el caso de este robot con solo 2 ruedas, convirtiéndose en un sistema más complejo.

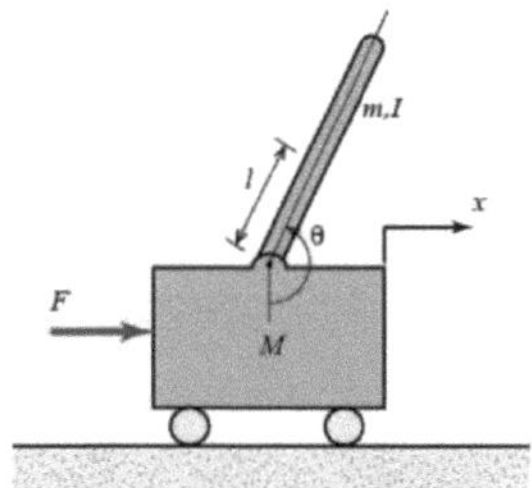

Fig. 1. Péndulo invertido sobre carro móvil.

1.2.Antecedentes.

Este trabajo parte de la plataforma **Piero**, un robot móvil con tracción diferencial diseñado por el Departamento de Ingeniería de Sistemas y Automática de la Universidad de Málaga. El robot Piero se encuentra en continua evolución y ya va por su tercera versión, sobre la que se desarrolla este trabajo, aunque también se ha utilizado la segunda versión. Varios proyectos se realizan sobre él añadiéndole periféricos como brazos robóticos, sensores infrarrojos o dispositivos móviles y también es base para el desarrollo de varias asignaturas en las escuelas de industriales de la Universidad de Málaga.

La estructura del robot es de metacrilato, a la cual van acoplados dos motores DC provistos de sus respectivos encoders, dos ruedas motrices movidas por dichos motores, y dos ruedas locas que aportan equilibrio tanto estático como dinámico al robot, una placa microcontroladora Arduino Mega 2560, una placa de distribución de conectores y baterías de litio.

Fig. 2. Robot Piero 3.

Para todos nos es conocido el exitoso vehículo de transporte desarrollado por la empresa **Segway** en 2001, cuya dinámica se basaba en la resolución del problema del péndulo invertido. Consta de una plataforma con 2 ruedas, sobre la que se sube el usuario que actúa como un péndulo y al inclinarse desequilibra el sistema y éste responde con movimiento para contrarrestar la perturbación, produciéndose un desplazamiento controlado.

Fig. 3. Vehículo de transporte desarrollado por Segway.

Desde la introducción del Segway, el problema del péndulo invertido ha ganado en popularidad e interés y ha sido constante el desarrollo de vehículos cuya base es el mismo problema. Como ejemplo español está el Ruloway, que se trata de un vehículo eléctrico biplaza manejado por un joystick, muy utilizado en parques de atracciones y zonas turísticas.

Fig. 4. Vehículo biplaza Ruloway.

Versiones de patinetes y monociclos se proponen como vehículos sostenibles para circular por las ciudades, ya que además pueden utilizarse en zonas peatonales.

Fig. 5. Patinetes eléctricos.

Tal es el caso, que ha motivado la realización de este proyecto para dotar de esta funcionalidad al robot móvil Piero, al cual se ha desprendido de dos de sus cuatro ruedas para convertirse en un robot móvil autobalanceado.

Fig. 6. Robot Piero 3 autobalanceado.

1.3.Objetivos.

Este trabajo consistió en realizar las modificaciones necesarias al robot móvil Piero, desarrollado por el departamento de Ingeniería de Sistemas y Automática de la Universidad de Málaga, para convertirlo en un robot móvil autobalanceado, desplazándose únicamente sobre dos ruedas al estilo Segway.

El robot Piero, por tanto, deberá ser capaz de desplazarse manteniendo a la vez el equilibrio sobre las dos ruedas motrices de forma autónoma.

Los objetivos planteados inicialmente son:

- El robot Piero debe ser capaz de mantener el equilibrio sobre sus dos ruedas.
- Mantener el equilibrio ante perturbaciones como empujones o cargas sobre su chasis, siempre que sean a escala de la capacidad de respuesta del robot.
- Poder desplazarse manteniendo el equilibrio hacia delante, atrás, izquierda y derecha. En los desplazamientos deben ser en línea recta a no ser que esté en combinación con un giro.
- Tener una interfaz de control con la que ordenarle rutas programadas y movimientos.

1.4.Metodología.

El primer paso para el desarrollo del proyecto es adquirir los suficientes conocimientos sobre el problema del péndulo invertido. En los libros de Física se habla del péndulo invertido como un sistema inestable al que se quiere equilibrar. En Automática, este problema suele aparecer como ejemplo de la capacidad de control que se puede llegar a ejercer sobre los sistemas. Para ambas visiones es un problema de gran dificultad.

En la literatura encontrada, tanto en trabajos teóricos como prácticos, se define el péndulo invertido como sistema inestable al que hay que aplicarle un controlador para convertirlo en un sistema estable. Se suele optar por controladores PID de mayor o menor complejidad y por controladores LQR o su versión con filtro de Kalman, el controlador LQG.

Por ende, el sistema de control se iniciará basándose en controladores PID en cascada, el primero controlando el ángulo de inclinación y el segundo controlando la velocidad de las ruedas.

Si los resultados no son los deseados se optará por utilizar un controlador LQR, por lo que se calculará un modelo matemático del sistema. Si no fuese lo suficientemente bueno se le implementará un filtro de Kalman, desarrollándose entonces un controlador LQG.

Para dotar al robot de control de giro se actuará sobre las señales que recibe el controlador LQR o sobre el controlador PID que actúa sobre los motores, eligiéndose la solución que aporte más prestaciones.

Como requisitos, el software debe desarrollarse con Matlab y Simulink. Con Matlab se calculará el modelo matemático del espacio de estados del sistema si se usa un controlador LQR. La implementación del control en el microcontrolador se realizará en Simulink.

Se estudiará la viabilidad de dotar al robot de conectividad inalámbrica, para el control de desplazamiento y giro, así como la monitorización de las distintas señales de interés.

1.5.¿Por qué es interesante este proyecto?

Algunos de las ideas que pueden hacer interesante este proyecto son:

- Dotar al robot educativo Piero de otra aplicación más para que los futuros estudiantes de ingeniería puedan desarrollar.
- Resolución del problema del péndulo invertido visto en los capítulos avanzados de las asignaturas de automática.
- Estudio de control de estabilidad, por ejemplo, en vehículos.
- Adentrarse en el uso de acelerómetros y giroscopio, dispositivos ampliamente implantados en dispositivos móviles y wearables.

Capítulo 2.
El sistema mecatrónico.

En este capítulo se describirá las distintas partes del sistema visto desde el punto de vista de la mecatrónica, es decir, como un sistema que recoge señales, las procesa y emite una respuesta por medio de actuadores, generando movimientos o acciones sobre el sistema.

2.1.El sistema mecánico.

2.1.1.Chasis.

El chasis está construido en metacrilato de 5 mm de espesor, con planta en formar circular de 30 centímetros de diámetro y altura 8 cm. Son dos placas circulares separadas 7 cm unidas por pilares desmontables preparados para alojar distintos sensores.

Se ha diseñado mediante el software de diseño 3D Sketchup y fabricados mediante corte por láser [1].

Entre las dos placas se aloja la electrónica de control y los sensores, y bajo la placa inferior se aloja la electrónica de potencia compuesta por las baterías, driver y motores.

Sobre la placa superior se podría colocar dispositivos como un brazo robótico, tableta, ordenador portátil, etc.

Fig. 7. Partes del chasis de una de las versiones del robot Piero en su construcción.

2.1.2.Ruedas.

Posee 2 ruedas activas de 80 mm y dos ruedas locas pasivas, una frontal y otra trasera, que permiten un sistema de locomoción diferencial, pudiendo realizar giros sobre su centro geométrico con radio de curvatura cero y sin deslizamientos.

Las ruedas activas están unidas a los motores y al chasis con elementos hechos en aluminio.

Fig. 8. Rueda activa de 80 mm.

2.2. El sistema electrónico.

En el siguiente esquema se puede ver como es el sistema eléctrico del robot.

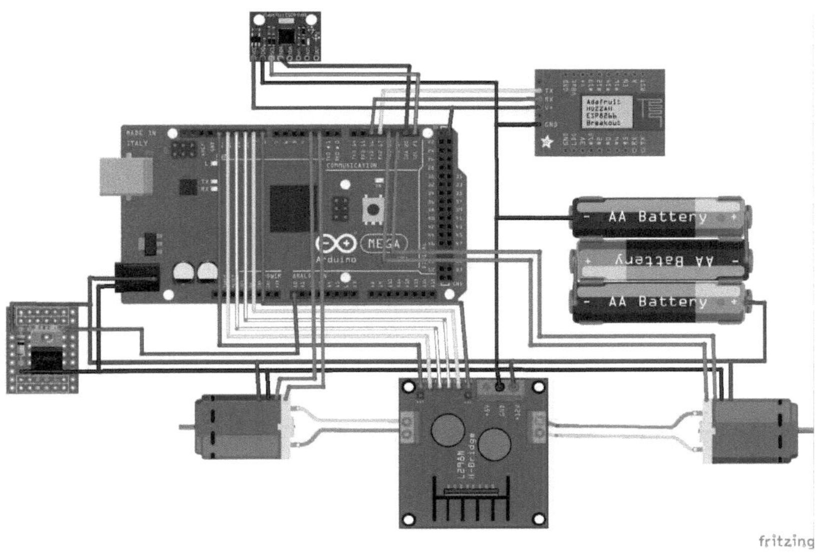

Fig. 9. Sistema electrónico del robot Piero.

2.2.1. Placa microcontroladora Arduino Mega 2560.

El Arduino Mega 2560 es una placa basada en el microcontrolador de Atmel ATmega2560. Sus características principales son:

- microcontrolador CMOS de 8 Bit AVR a 16 Mhz. Tensión de alimentación 5V. Arquitectura RISC (135 instrucciones).
- 256 kbytes de memoria programable Flash. 8 kB usado por bootloader. 4 kBytes de EEPROM. 8 kbytes de SRAM.
- 2 contadores/temporizadores de 8 bit. 4 de 16 bit.
- 12 canales PWM de 2 a 16 bits de resolución programable.
- 16 canales con conversores analógico digital de 10 bits (ADC).
- 4 puertos serie programables (USART).
- 86 líneas de E/S programables.
- 32 interrupciones externas
- Comparador analógico, modulador, watchdog, oscilador interno.
- Interfaces JTAG, SPI, I2C.
- Soporte por Simulink.

Como se aprecia por sus características la elección de esta placa microcontroladora se debe a que posee un mayor número de puertos de entrada/salida, interrupciones e interfaces en comparación a otras de su misma familia y siempre teniendo en cuenta entre los modelos que sean totalmente soportados por Simulink.

Fig. 10. Placa Arduino Mega 2560.

Todas las conexiones se realizan a través de una placa de circuito impreso llamada *shield*, el modelo usado es Seed Grove Mega Shield, la cual se monta sobre la placa microcontroladora para una mejor redistribución de los conectores y facilitar su conexionado con conectores comerciales.

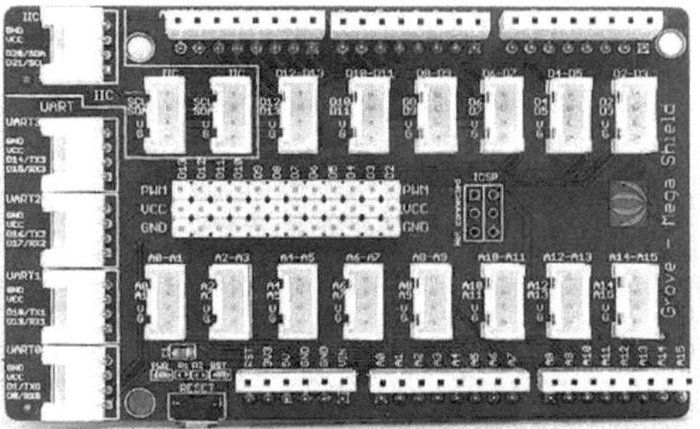

Fig. 11. Seed Grove Mega Shield.

2.2.2. Driver de potencia L298N.

Se trata de un driver dual basado en la estructura de puente H que permite el control de hasta 2 motores de 2 amperios con picos de 3 amperios. Permite el conexionado directo con la placa Arduino ya que ambos usan el mismo nivel lógico de sus señales de control (TTL), aunque luego el rango de alimentación de los motores puede ser desde los 5 a 35 voltios. Lleva integrado un regulador de 5 voltios para solo necesitar una única fuente de alimentación, aunque según el montaje se puede desactivar.

Fig. 12. Módulo con driver L298N.

Según el valor aplicado a sus señales de control tiene 4 modos de funcionamiento para cada motor: avance, retroceso, parada rápida y motor libre.

Input		Function
EA=H	IN1=H, IN2=L	Forward
	IN1=L, IN2=H	Reverse
	IN1 = IN2	Fast Motor Stop
EA=L	IN1=X, IN2=X	Free Running Motor Stop

L = Low   H = High   X = Don't Care

Tabla 1.Modos de funcionamiento del driver L298N.

2.2.3.Sensor de detección de movimiento.

Se ha usado un dispositivo de detección de movimiento modelo MPU-9255 [2]. Se trata de un *giroscopio, acelerómetro y magnetómetro*, todos ellos de tres ejes, en un solo chip dotado además de un procesador digital de movimiento. Es la evolución del MPU-6050 con la adición de un magnetómetro. Se hace referencia a éste por la herencia de librerías [3] que hace el MPU-9255 de su antecesor.

Fig. 13. Módulo MPU9255 de InvenSense.

El procesador se encarga de entre otras tareas de realizar un filtrado, cuyos valores se pueden ajustar escribiendo en el correspondiente registro con la función *SetDLFPMode()*, todo ello a costa de un retraso en la entrega de la medida, como se ve en la siguiente tabla, que para la aplicación desarrollada no afectaba al ser la respuesta de los motores más lenta.

	Acelerómetro		Giroscopio	
SetDLFP-Mode()	Frecuencia corte	Retraso	Frecuencia corte	Retraso
0	260 Hz	0 ms	256 Hz	0.98 ms
1	184 Hz	2 ms	188 Hz	1.9 ms
2	94 Hz	3 ms	98 Hz	2.8 ms
3	44 Hz	4.9 ms	42 Hz	4.8 ms
4	21 Hz	8.5 ms	20 Hz	8.3 ms
5	10 Hz	13.8 ms	10 Hz	13.4 ms
6	5 Hz	19 ms	5 Hz	18.6 ms

Tabla 2.Configuración filtro del módulo MPU-9255

Debido a lo crítico del ruido en este tipo de medidas esto es un punto a destacar y la primera etapa de filtrado a utilizar. Posteriormente usando la técnica de filtro complementario se mejorará y se determinará con más precisión la medida.

Dispone tanto de comunicación I2C como SPI. En este proyecto se ha utilizado el bus I2C al utilizar la librería heredada de Arduino IDE del MPU-6050 como ya se ha comentado.

Los rangos del giroscopio van desde ±250º/s a ±2000º/s y los del acelerómetro desde ±2g a ±16g. Para esta aplicación se han usado los menores, configurándose con las declaraciones en el archivo *MPU6050.cpp*:

setFullScaleGyroRange(MPU6050_GYRO_FS_250)

setFullScaleAccelRange(MPU6050_ACCEL_FS_2)

2.2.4. Comunicaciones.

Se ha usado un módulo de comunicaciones inalámbricas basado en el chip ESP8266 conforme al estándar 802.11 b/g/n. Con ello se ha construido un punto de acceso wireless en el robot Piero y tener conectividad con la placa Arduino Mega, que controla el robot, e intercambiar datos a través de su puerto serie.

Para la placa de Arduino, este módulo actúa como un puerto serie transparente y no precisa de un manejo distinto a cualquier puerto serie.

Fig. 14. Módulo inalámbrico ESP8266 para comunicación serie.

Para programación de la placa Arduino también se ha usado el puerto serie conectado a la clavija USB, así como para labores de depuración.

2.2.5. Otros módulos.

Se dispone además de un módulo para interruptor de encendido, puerto de carga de la batería con nivel de la misma y un módulo con regulador de voltaje y divisor de tensión.

Las nuevas necesidades de alimentación del módulo inalámbrico suponen el añadido de un regulador de tensión LM7805 que permite suministrar los picos de 800 mA que solicita en su encendido.

Para la medida del voltaje de la batería se añadió un divisor de tensión para adaptar los 12 voltios de la batería al rango de medida de la placa Arduino Mega, (0-5 voltios). Por último, se agregó un inversor para el autoreset de la placa en caso de caída.

Fig. 15.Otros módulos del robot Piero autobalanceado.

2.2.6.Baterías.

Un conjunto de tres baterías de ion Litio conectadas en serie proporciona una tensión desde 12.6 voltios a carga máxima, siendo la tensión nominal de 11.1 voltios.

Un controlador de carga asegura su carga correcta, evita que se descarguen a limites peligrosos (autocombustión) y protege de las solicitudes de carga que exceden del diseño de las baterías.

Fig. 16. Baterías y tarjeta distribuidora.

2.2.7.Motores.

El robot está equipado con dos motores Mitsumi M25N-2 acoplados a una reductora JGB37-371 con una relación 1:18.8. Las prestaciones del conjunto se pueden ver en la siguiente tabla:

Motor MITSUMI M25N-2 con reductora JGB37-371												
Voltaje		Sin carga		Con carga				Bloqueado		Reductora		
Workable	Rated	Speed	Current	Speed	Current	Torque	Output	Torque	Current	Ratio	Size	Weight
Range	Volt.V	rpm	ma	rpm	ma	kg.cm	W	kg.cm	A	1:00	mm	g
6-24V	12	228	47	180	300	0.75	1.25	3	1	18.8	22	148

Tabla 3. Prestaciones del motor M25N-2 con reductora JGB37-371 a 12 voltios.

Como se observa en la gráfica [4] del par del motor, con la configuración actual de alimentación 12.6 V, estamos trabajando en torno al 50% de las prestaciones de par del motor, por lo que las posibilidades de aumento de prestaciones son posibles.

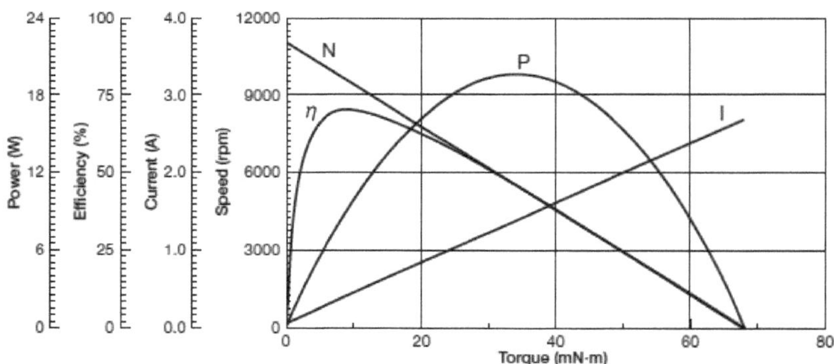

Fig. 17. Gráfica del par del motor MITSUMI M25N-2.

Fig. 18. Detalle del conjunto encoder-motor-reductora.

Los motores están equipados con un encoder óptico de alta resolución de señales AB con un disco segmentado en 334 pasos, lo que supone 334 pulsos por vuelta de motor y 6279.2 pulsos por vuelta de rueda. La resolución se puede duplicar si trabajamos con los flancos de subida y bajada a la vez.

Esta alta resolución resulta un inconveniente ya que aumenta la carga de trabajo del microcontrolador, ya que cada pulso genera una rutina de tratamiento de interrupción, por lo que hay que tener precaución en observar que el microcontrolador sea capaz de manejar.

Divisores hardware o tratamiento más eficientes de las interrupciones, por ejemplo, leyendo directamente en el registro, permitirían manejar tal cantidad de pulsos por vuelta.

2.3.Software.

2.3.1.Control del robot.

Para el control del robot se ha desarrollado una aplicación con el software Simulink de Matlab. En el capítulo 6 se detalla su funcionamiento y estructura, y en el anexo II se muestra el código del mismo. Este software es el que está instalado en la placa microcontroladora del robot.

2.3.2.Aplicaciones de control remotas.

Aunque el robot tiene un funcionamiento autónomo, se ha desarrollado unas aplicaciones para controlar sus desplazamientos remotamente vía comunicación inalámbrica. Se tiene las siguientes opciones:

- Pc: Aplicación desarrollada en Simulink que permite el control de los desplazamientos, enviar rutas programadas y la captura de datos y su visualización gráfica.

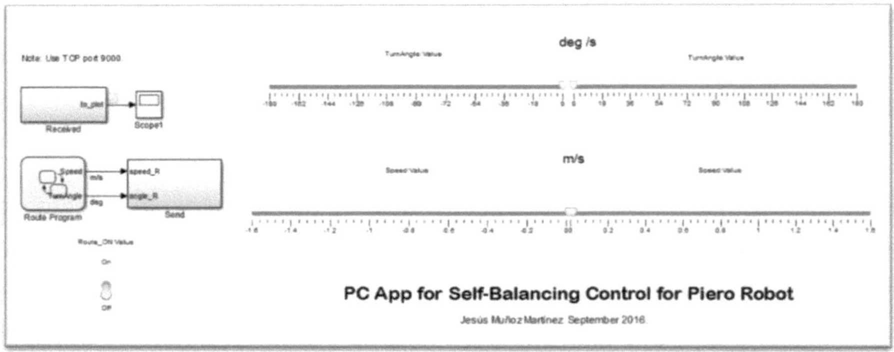

Fig. 19. Aplicación de control remoto para PC con Simulink.

- Dispositivo Android: Utilizando la aplicación de interfaces RoboRemo [5] se ha desarrollado una aplicación para controlar el desplazamiento.

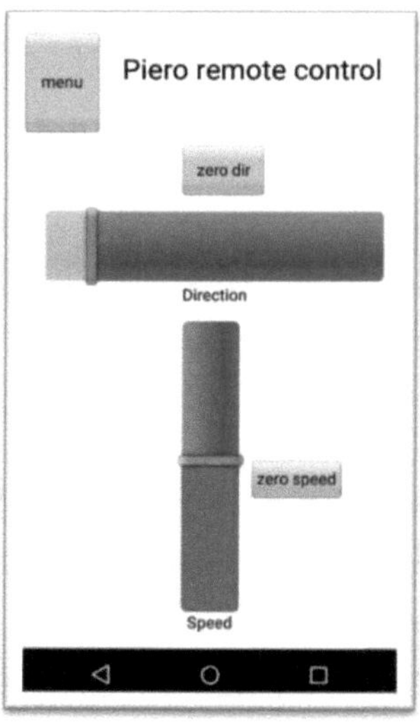

Fig. 20. Interfaz de control remoto para dispositivo móvil con RoboRemo.

2.3.3. Programación del módulo Wireless como puerto serie transparente.

El módulo de comunicaciones inalámbricas, basado en el integrado ESP8266, debido a su alta relación prestaciones/coste ha tenido una gran aceptación. Es por ello que se han desarrollado multitud de firmwares aparte del proporcionado por el fabricante basado en comandos AT.

De estos firmwares destacamos la integración en la herramienta Arduino IDE, los basados en LUA y el ESP-LINK [6] por su portal de configuración, un lenguaje potente, rápido, ligero e integrable basado en secuencias de comandos como es el caso de NodeMCU [7]

Para este proyecto se ha optado por trabajar con el firmware NodeMCU y ESP-LINK. Se comenta el proceso de implementación con cada uno de ellos.

Firmware NodeMCU.

El motivo de usar el firmware de NodeMCU es debido a su extensa y de calidad documentación [8] y a las herramientas para programar e interactuar con el dispositivo, como es el caso de ESP8266 Lua Loader [9]. Al programar el usuario su propio código éste firmware es totalmente flexible y se recomienda para diseños y aplicaciones personalizadas.

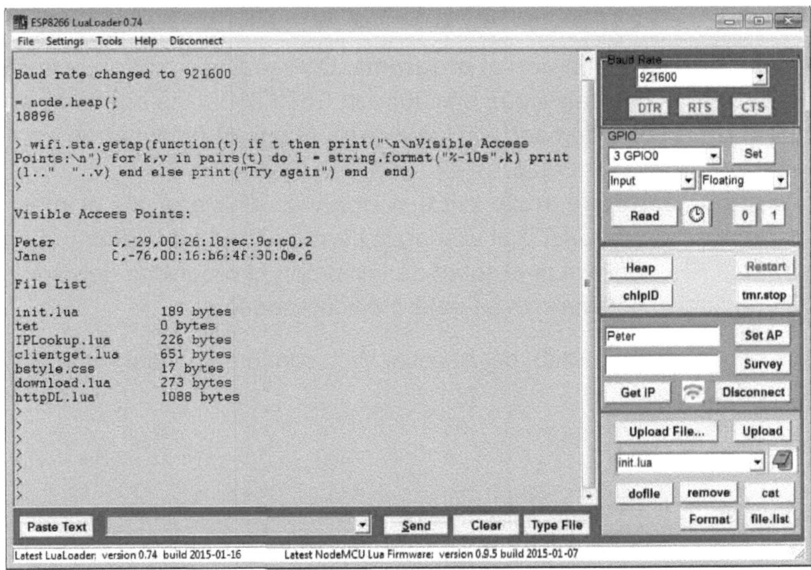

Fig. 21. Vista de la Herramienta ESP8266 LuaLoader.

Es necesario disponer de un convertidor USB-Serial para conectar el módulo al PC.

Los pasos seguidos para montar el punto de acceso de comunicación inalámbrica –serie transparente han sido:

1. **Instalación del firmware NodeMCU.** Lo más cómodo es bajarse las herramientas para la grabación de la memoria flash como *NodeMCU Flasher* que lleva ya el firmware integrado [10]. También hay multitud de otras alternativas. El interruptor de nuestro módulo debe estar en posición *PROGRAM*, después de la grabación se debe colocar en la posición *UART*.

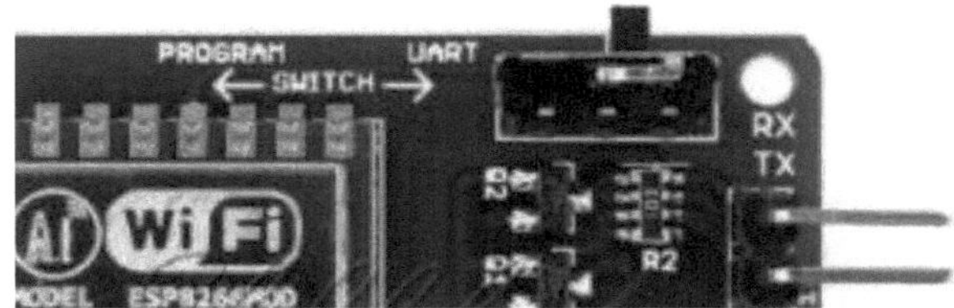

Fig. 22. Interruptor de programación del módulo ESP8266.

2. **Creación del script con el programa.** Con cualquier editor de texto hay que crear el programa que ejecutará el ESP8266. Una buena opción es crear un archivo llamado *init.lua* que es el que el firmware cargará tras el encendido del módulo.
3. **Carga de script de inicio init.lua.** Una vez reiniciado con el interruptor en la posición de *UART*, utilizando la herramienta *Lua Loader* y la opción *Uploap File* subiremos el script de inicio con el programa cargado. Tras un reinicio el software ya se estará ejecutándose.

Este código crea un punto de acceso Wifi con un servidor TCP para la comunicación serie.

```
wifi.setmode(wifi.SOFTAP)

cfg={}
cfg.ssid="Piero"
cfg.pwd="12345678"

cfg.ip="192.168.1.1"
cfg.netmask="255.255.255.0"
cfg.gateway="192.168.1.1"

port = 9090

wifi.ap.setip(cfg)
wifi.ap.config(cfg)

print("ESP8266 TCP to Serial Bridge")
print("SSID: " .. cfg.ssid .. "  PASS: " .. cfg.pwd)
print("App must connect to " .. cfg.ip .. ":" .. port)
print("BaudRate will change now to 115200")

tmr.alarm(0,200,0,function() -- run after a delay

    uart.setup(0, 115200, 8, 0, 1, 0)

    srv=net.createServer(net.TCP, 28800)
    srv:listen(port,function(conn)

        uart.on("data", 0, function(data)
            conn:send(data)
        end, 0)

        conn:on("receive",function(conn,payload)
            uart.write(0, payload)
        end)

        conn:on("disconnection",function(c)
            uart.on("data")
        end)

    end)
end)
```

Firmware ESP-Link.

En es un firmware diseñado únicamente para crear un puente inalámbrico transparente sobre TCP. Es por ello un método rápido y eficaz.

Solo es necesario grabar el firmware y acceder a su portal de configuración tras conectarse a la red del dispositivo en la dirección por defecto 192.168.4.1.

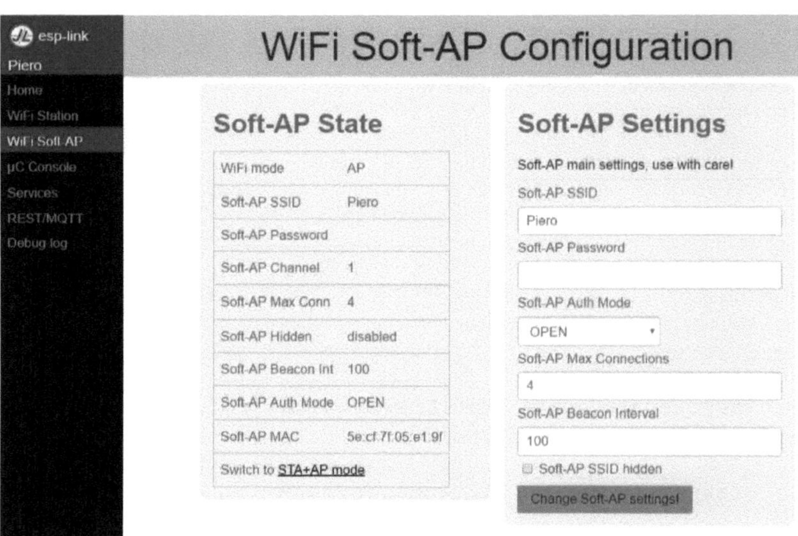

Fig. 23. Portal de configuración del firmware ESP-link.

Se puede configurar para distintas versiones del módulo ESP8266, elegir si se comporta como cliente o punto de acceso y la seguridad de la red.

Una vez configurada se puede acceder al puerto serie del ESP8266 en el puerto 23.

La dirección del dispositivo y el puerto se pueden cambiar modificando el código fuente.

Por defecto viene activado la depuración a través del puerto serie, por lo que hay que desactivarla para no interferir con los datos que se envían y reciben a través de la UART. La depuración sigue disponible vía la web del portal de configuración.

Fig. 24. Configuración de la depuración del ESP8266 en ESP-link.

2.4.Comunicaciones.

PWM: Modulación de ancho de pulso de sus siglas en inglés es una potente técnica para controlar dispositivos analógicos, en este caso motores, con las salidas digitales de microprocesador. La batería del sistema proporciona un voltaje fijo, pero para controlar este valor (U) y que pueda ser entre cero y el valor de carga de batería (U_{max}), el microcontrolador conecta y desconecta la línea a controlar de la batería.

Debido a la inercia eléctrica, la tensión no pasará de cero a máximo entre cada periodo de conmutación, sino que su valor estará cerca de la constante resultante de la función media del ciclo de trabajo D. La función que describe el voltaje será:

$$U = \frac{1}{T}\int_{o}^{T} f(t)dt \tag{2.1}$$

Siendo $f(t)$ un pulso de ondas descrito por:

$$f(t) = \begin{cases} U_{max} & 0 < t \leq D \cdot T \\ 0 & D \cdot T < t \leq T \end{cases} \tag{2.2}$$

por tanto:

$$U = D \cdot U_{max} \tag{2.3}$$

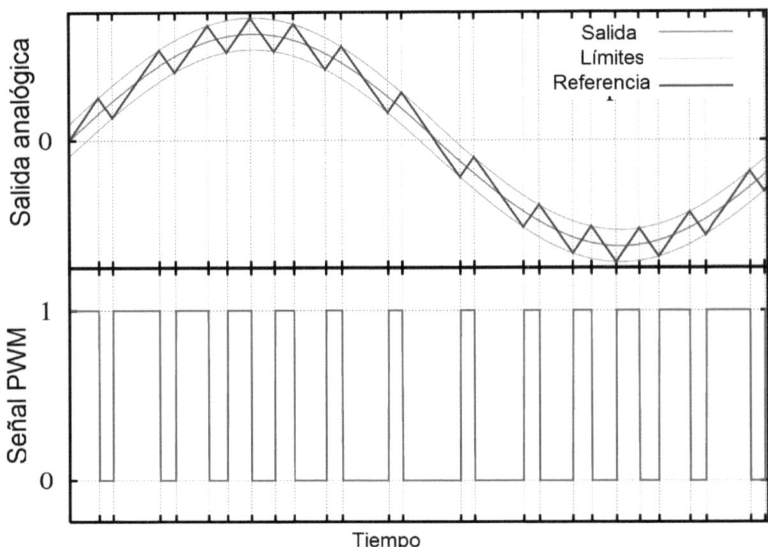

Fig. 25. Señal PWM y señal analógica generada.

Bus I2C: es un estándar desarrollado por Philips que facilita la comunicación entre microcontroladores, memorias y otros dispositivos, sólo requiere de dos líneas de señal y tierra. Permite el intercambio de información entre muchos dispositivos a una velocidad variable que en la placa Arduino llaga a los 400 Kbps.

La metodología de comunicación de datos del bus I2C es en serie y sincrónica. Una de las señales del bus establece el reloj (SLC) y la otra se utiliza para intercambiar datos (SDA). Son del tipo drenador abierto y se deben polarizar en estado alto (conectando a la alimentación por medio de resistores "pull-up") lo que define una estructura de bus que permite conectar en paralelo múltiples entradas y salidas.

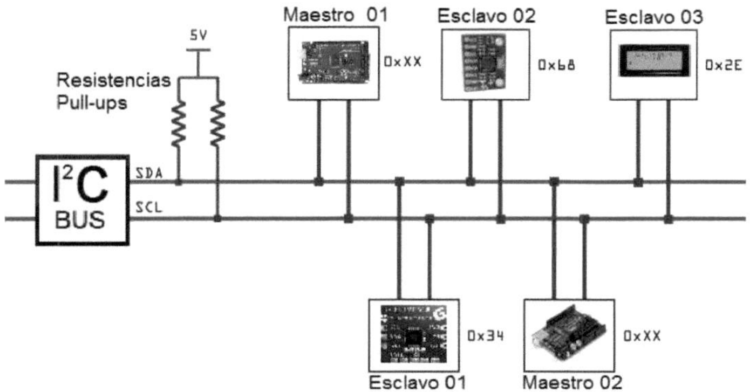

Fig. 26. Esquema de bus I2C.

Las direcciones de los dispositivos suelen ser de 7 bits, como en la placa Arduino, y toman el papel de maestro o esclavo. Sólo los dispositivos maestros pueden iniciar una comunicación, tal que con el bus libre SDA y SCL en estado alto, ejecuta la condición de inicio cuando un dispositivo maestro pone en estado bajo la línea de datos (SDA), pero dejando en alto la línea de reloj (SCL).

El primer byte que se transmite tras la condición de inicio contiene la dirección del dispositivo (A0...A6) que se desea seleccionar, y un octavo bit que corresponde a la operación que se quiere realizar, lectura o escritura (R/W).

Si el dispositivo está presente en el bus, éste contesta con un bit bajo (ACK), y se da por establecida la comunicación y comienza el intercambio de información.

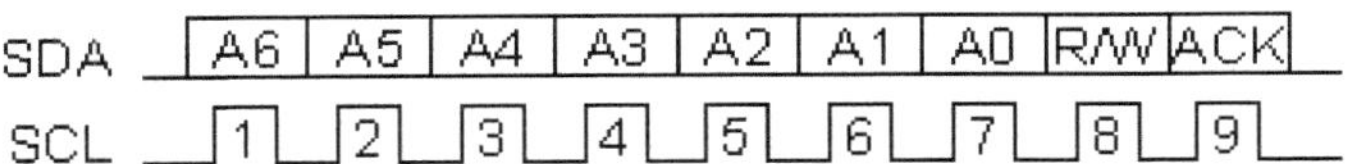

Fig. 27. Establecimiento de una comunicación I2C.

En la operación de escritura, el dispositivo maestro envía datos, del tamaño de 1 byte, al dispositivo esclavo. Esto se mantiene mientras continúe recibiendo señales de reconocimiento. En el caso contrario, en la operación de lectura, el dispositivo maestro genera pulsos de reloj para que el dispositivo esclavo pueda enviar los datos, el reloj siempre lo controla el maestro. En este caso el dispositivo maestro (quien está recibiendo los datos) genera un pulso de reconocimiento.

El dispositivo maestro puede dejar libre el bus generando una condición de parada, SDA y SCL se quedan en nivel alto.

ADC: Esta técnica consiste en convertir señales analógicas en valores digitales comprensibles por el microcontrolador, como por ejemplo el voltaje de carga de la batería. La placa Arduino usa un convertidor analógico digital de 10 bits con un fondo de escala de 5 voltios. La resolución o el número de puntos N el cual puede representar digitalmente, viene determinado por el número de bits, siendo

$$N = 2^{10} = 1024 \tag{2.4}$$

Y el valor de la lectura será representado por un valor entre 0 y 1023. La resolución del voltaje medido, o el valor del incremento entre dos valores consecutivos de tensión, vendrá expresada por:

$$Q = \frac{U_{fondo\ de\ escala}}{N} = 4.9\ mV \tag{2.5}$$

En el robot Piero como la batería es de 12 voltios, antes de la entrada del convertidor ADC de la placa Arduino, la tensión se convierte del rango de 0 a 14 voltios al de o a 5 voltios mediante un divisor de tensión, cambiando la resolución del voltaje tal que:

$$Q' = \frac{U_{fondo\ de\ escala}}{N} = \frac{14}{1024} = 13.7\ mV \tag{2.6}$$

UART: de sus siglas en inglés transmisor receptor asíncrono universal, es un dispositivo que realiza una comunicación serie entre dos dispositivos. Un puerto serie envía la información mediante una secuencia de bits. Para ello se necesitan al menos dos conectores para realizar la comunicación de datos, RX (recepción) y TX (transmisión). Antes de realizar la comunicación se deben de configurar la velocidad de la comunicación en los dos dispositivos. En la placa Arduino Mega funcionan a nivel TTL 0/5 voltios.

GPIO: de sus siglas en inglés entradas-salidas de propósito general. Funcionan a niveles alto o bajo ya que son digitales y como su nombre indica pueden ser entradas, lecturas del microprocesador o salidas, escrituras del microprocesador.

En la siguiente figura se muestra un esquema de los distintos protocolos de comunicación entre los diferentes componentes del robot.

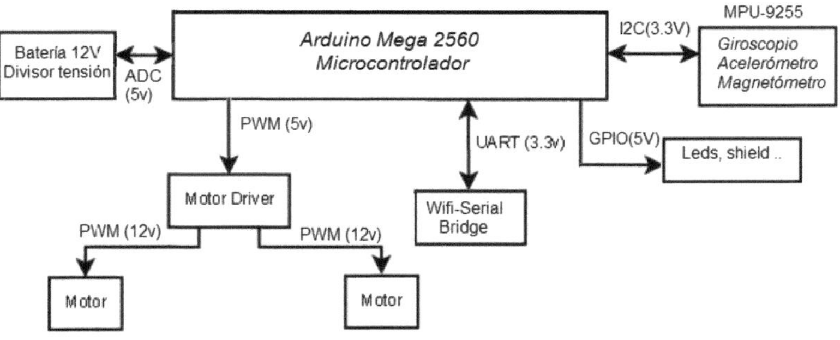

Fig. 28. Esquema de comunicaciones del robot Piero.

2.5.Captura de datos.

Para la monitorización y captura de datos se realiza a través de las UARTs que posee la placa Arduino. Se han configurado dos UART, la primera está conectada al puerto USB a través del convertidor Serial-USB que dispone la placa Arduino y la segunda está conectada al módulo serial-WiFi que se le ha instalado al robot. La que mejor rendimiento ha demostrado ha sido la realizada a través del módulo serial-WiFi.

Los datos obtenidos han sido visualizados con la herramienta *scope* de Simulink y exportados a Matlab cuando ha sido necesario su análisis numérico. En la siguiente figura se muestra un ejemplo de visualización de datos con scope.

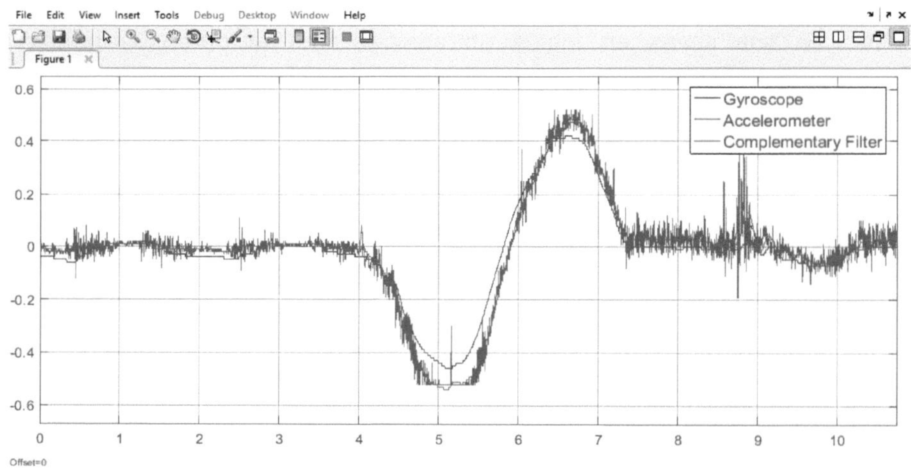

Fig. 29. Ejemplo de visualización de datos con Scope de Simulink.

Capítulo 3.
Teoría.

En este capítulo se expondrán las bases teóricas para la resolución del problema y facilitar al lector una mejor comprensión de los términos tratados en este trabajo.

3.1.Modelos basados en la energía. Método Lagrangiano.

La mecánica Lagrangiana es una reformulación de la mecánica clásica donde las ecuaciones del movimiento se denominan ecuaciones de Lagrange y son una aproximación matemática por derivación de las ecuaciones de movimiento de los sistemas mecánicos.

Cuando se derivan las ecuaciones del movimiento en sistemas complejos, en la mayoría de los casos es más simple utilizar las ecuaciones de Lagrange que las de la mecánica clásica con las leyes de Newton, aunque ambos enfoques son totalmente válidas y completamente compatibles entre sí.

Para obtener las ecuaciones de Lagrange hay que observar las energías existentes en el sistema. En los sistemas mecánicos se encuentran dos tipos, energía potencial y cinética, esta última tanto en movimientos de rotación como traslación.

La función de Lagrange ($\mathcal{L}$) es la diferencia entre la energía cinética total (K) y la energía potencial del sistema (P).

$$\mathcal{L} = K - P \tag{3.1}$$

Una vez que se ha derivado la función de Lagrange se pueden definir las ecuaciones del movimiento con derivadas.

$$Q_j = \frac{d}{dt}\left(\frac{\partial \mathcal{L}}{\partial \dot{q}_j}\right) - \frac{\partial \mathcal{L}}{\partial q_j} \tag{3.2}$$

donde:

Q_j – Suma de las fuerzas aplicadas en la dirección de las coordenadas.

q_j- Coordenadas o variables de desplazamiento $(x, y, x, \theta, \varphi, etc.)$.

Si $Q_j = 0$, entonces no hay influencia externa en el sistema, pero en realidad siempre hay fuerzas no conservativas como la fricción o el torque de un motor, que afectan al sistema. En esos casos Q_j se iguala a las fuerzas externas.

3.2.Conceptos de control.

Se describirán brevemente algunos conceptos de control [11] utilizadas en este trabajo.

3.2.1.Controlador PID.

El controlador PID es de los controladores más utilizados en la actualidad. Su funcionamiento se basa en intentar eliminar error entre la señal de referencia y la salida del controlador. Son bastante intuitivos de sintonizar ya que por ejemplo un incremento en la parte proporcional (P) se refleja en una respuesta más rápida o agresiva. La parte integral (I) elimina el error en estado estacionario y proporciona mayor ganancia a frecuencias bajas, compensando por tanto las perturbaciones a bajas frecuencias. Como inconveniente reduce los márgenes de estabilidad. En cambio, la parte derivativa (D) aunque aumenta los márgenes de estabilidad también aumenta la ganancia a alta frecuencia, que es un inconveniente cuando hay ruido en la señal de control y a menudo se implementa con un filtro paso bajo para disminuir este efecto.

El controlador PID se implementa a menudo con algunas funciones adicionales para que sea más útil en una implementación práctica. Un fenómeno que puede ocurrir es el *windup*. Este fenómeno se produce cuando un actuador se satura y existe acción integral en el controlador. La parte integral acumula un valor del error integral muy grande. Cuando el error finalmente disminuye la parte integral es todavía muy grande, de modo que se mantendrá el actuador en el estado de saturación una cantidad de tiempo considerable a pesar de haber disminuido el error.

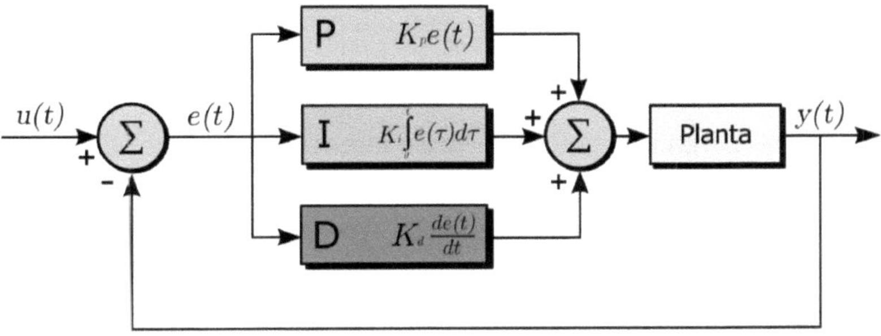

Fig. 30. Diagrama de bloques de un controlador PID paralelo.

3.2.2.Espacio de estados.

El espacio de estados es un método que permite modelar la dinámica un sistema físico lineal. Se representa por un conjunto de entradas, salidas y variables de estado relacionadas por ecuaciones diferenciales de primer orden que se combinan en una ecuación diferencial matricial de primer orden. [12]

$$\begin{aligned} \dot{\xi} &= A\xi + Bu \\ y &= C\xi + Du \end{aligned} \tag{3.3}$$

Donde:

x	Vector de los estados del sistema, n elementos para sistema de orden n
u	Vector de entrada con m elementos.
y	Vector de salida con p elementos.
A	Matriz del sistema de dimensión n x n.
B	Matriz de entrada de dimensión n x m.
C	Matriz de salida de dimensión p x n.
D	Matriz de dimensión p x m.

Este tipo de representación tiene la ventaja de que permite conocer el comportamiento interno del sistema, además de que se puede trabajar con sistemas cuyas condiciones iniciales sean diferentes de cero.

3.2.3.Regulador LQR.

El controlador LQR es un control por realimentación del vector de estados de la forma

$$u = -Kx \tag{3.4}$$

tal que el valor de K se obtiene a partir de un problema de minimización de la función de coste

$$J = \sum_{k=0}^{N} [X_n^T(k) Q X_n(k) + u^T(k) R u(k)] \tag{3.5}$$

Esta función de coste es de tipo cuadrática tanto en el vector de estado como en la entrada, que generalmente está asociada con la energía del sistema. Se trata de un control óptimo ya que busca minimizar la energía del sistema. La expresión $X_n^T(k)QX_n(k)$ representa la energía que aporta cada estado, Q es una matriz definida positiva (una posibilidad es una matriz diagonal, cuyos elementos sean positivos). A través de Q se puede elegir el peso que tiene cada estado en la función J. La matriz R debe ser también definida positiva, en este caso de un elemento ya que es un sistema MISO, indica el peso que se le quiere dar a la energía asociada con la señal de control.

Resolver estas ecuaciones requiere de la utilización de métodos numéricos, se usará el software Matlab y se definirán las matrices Q y R según las restricciones del sistema, obteniéndose una ley de control variable en el tiempo.

$$u(k) = -K(k) X_n(k) \tag{3.6}$$

Para sistemas con coeficientes constantes, $K(k)$ permanece fija durante un periodo de tiempo y luego decae a cero. Si $N \to \infty$ entonces la ganancia del controlador permanece fija todo el tiempo $K(k) = K$.

El valor exacto de J no es relevante, solo se pretende encontrar la K que asegure que sea mínimo. Lo importante es el valor relativo que tienen los elementos de Q y R entre sí. Dichos parámetros serán los encargados de balancear la importancia relativa de la entrada y los estados en la función de costo que se está tratando de optimizar.

3.3.Sensores.

3.3.1.Acelerómetro, giroscopio y magnetómetro.

Estos sensores se pueden fabricar de diversas maneras pero en las aplicaciones modernas donde son importantes un coste bajo y un tamaño reducido los acelerómetros microelectromecánicos (MEMS) son la mejor opción [13].

En las versiones más modernas donde se han digitalizado las salidas e integrados con un procesador que se encarga de labores de filtrado y comunicaciones.

Su utilización en aeronáutica y posteriormente en automoción, en sistemas de control de estabilidad ha pasado a utilizarse en multitud de dispositivos electrónicos destacando en dispositivos móviles ya sea para orientación de pantalla, medida de movimientos o gestos, brújula electrónica, etc.

Un acelerómetro es un sensor capaz de medir las aceleraciones lineales.

Los giroscopios son usados para medir las variaciones de las velocidades angulares respecto a un sistema inercial. Se basan en la medida de la aceleración de Coriolis.

El magnetómetro es un dispositivo capaz de medir los campos magnéticos; estos campos pueden ser el campo magnético de la tierra (polo Norte y polo Sur) haciendo las veces de una brújula o pude ser los campos magnéticos inducidos por corrientes eléctricas o por materiales ferromagnéticos de la tierra.

Sería añadir otro punto de referencia, el campo magnético de la tierra, al que ya nos ofrece el acelerómetro, el campo gravitatorio terrestre.

Para la obtención de **medida de ángulos de inclinación** los acelerómetros dan una medida muy precisa, pero se ven afectados por las aceleraciones lineales, y también rotacionales si se instala muy lejos del eje de giro.

Si integramos la señal que nos proporciona el giroscopio podemos obtener el ángulo sin que se vea afectado por la aceleración lineal, pero este dispositivo sufre de deriva cuando se usa la integración para obtener el ángulo. También presenta un offset respecto al cero, valor que depende de la temperatura, vibraciones, tensión de alimentación, etc., por lo que en la práctica nos proporciona medidas del ángulo relativas y deben tomarse en un espacio pequeño de tiempo.

3.3.2.Algoritmos de fusión de sensores.

Conocidas las propiedades de estos sensores un filtro inteligente puede ser utilizado para fusionar sus salidas y obtener una buena estimación del ángulo. En la siguiente tabla se exponen las características más interesantes de cada sensor relevantes a la obtención de la medida del ángulo.

	Buenas propiedades.	*Malas propiedades*
Acelerómetro	Medida absoluta del ángulo cuando solo está afectado por la aceleración de la gravedad.	Medida afectada por las aceleraciones y vibraciones.
Giroscopio	Estimación del ángulo por integración independiente de las aceleraciones	Solo puede hacer medidas incrementales del ángulo ya que hay deriva en la medida con el tiempo.

Tabla 4. Propiedades del acelerómetro y giroscopio que afectan a la medida angular.

Para obtener el ángulo se puede usar una combinación de acelerómetro y giroscopio (el magnetómetro nos podría servir para terminar de refinar los datos por lo que lo podríamos incluir más adelante).

Este tipo de filtro se les llama **filtro complementario**, en este caso utilizaría el acelerómetro para obtener la medida absoluta del ángulo, pero al ser tan sensible a las vibraciones y aceleraciones se utilizaría la estimación del ángulo por el giroscopio en un pequeño periodo de tiempo para corregir la medida proporcionada por el acelerómetro. La ecuación que define este filtro sería.

$$Angulo = (1 - \alpha) \cdot (Angulo + gyro \cdot dt) + \alpha \cdot acc \qquad (3.7)$$

La constante α define el mayor o menor peso del giroscopio y acelerómetro. Es un parámetro de diseño cuyo el valor más óptimo se suele hallar experimentalmente. Un buen valor de partida es $\alpha = 0.05$.

A partir de aquí podemos deducir la constante de tiempo para el caso en que se quiera aplicar además filtros paso-bajo y paso-alto:

$$\tau = \frac{\alpha \cdot dt}{1 - \alpha} \qquad (3.8)$$

Algunas ventajas del filtro complementario son:

- Reduce el ruido y la deriva producido por los sensores.
- Reduce el retardo en la estimación del ángulo.
- No implica un coste excesivo en tiempo de proceso.

3.3.3.Encoders.

El **encoder** es un transductor rotativo que transforma un movimiento angular en una serie de impulsos digitales. Estos impulsos generados pueden ser utilizados para controlar los desplazamientos de tipo angular o de tipo lineal.

Muy utilizados para medir la velocidad de motores y ruedas. Pueden ser absolutos, que proporcionan la posición exacta, o incrementales [13].

Por su funcionamiento físico pueden estar basados en el efecto Hall, o en sensores ópticos. En los primeros unos imanes inducen los pulsos y en los segundos unas marcas impresas en un disco interrumpen el paso de la luz de un diodo hacia los fotorreceptores, generándose así el pulso.

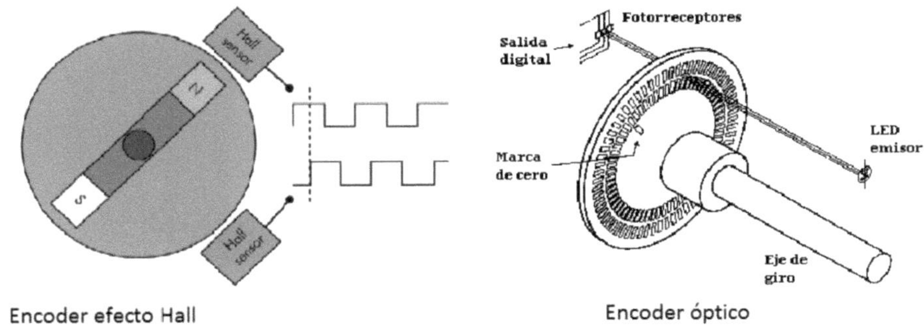

Fig. 31. Encoder efecto Hall y óptico.

Las señales digitales que generan los encoders puede ser única (señal A), o doble (señal A B). Con la primera solo se puede conocer la posición y la velocidad. Las señales A B están desfasadas 90°, permitiendo así conocer además el sentido de giro.

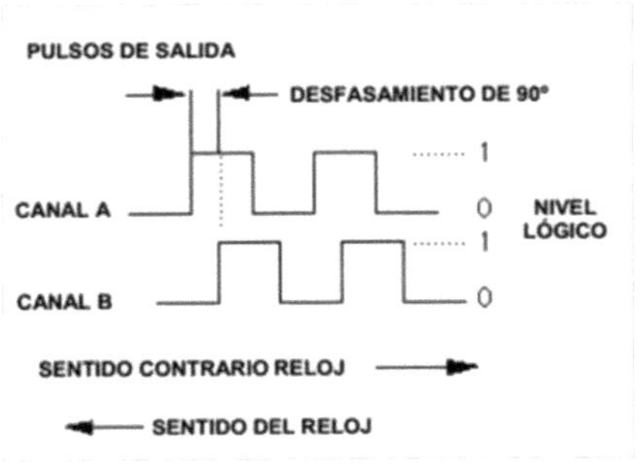

Fig. 32. Señales AB de un encoder.

Capítulo 4.
El modelo matemático.

4.1. Análisis de fuerzas y ecuaciones.

Como paso previo para desarrollar el controlador, se debe obtener un modelo matemático del robot Piero. Además, este modelo permitirá hacer simulaciones de las respuestas del sistema.

El modelo matemático lo podemos dividir en tres subsistemas: uno eléctrico formados por los motores y otro mecánico formado por las ruedas y el péndulo invertido.

Los parámetros utilizados para describir este modelo son:

Parámetro	*Descripción*	*Unidades*
	Motores eléctricos	
R	Resistencia del motor.	$Ohms$
K_e	Constante de fuerza contra-electromotriz del motor.	$V\ sec/rad$
K_t	Constante de torque del motor.	Nm/A
T	Torque de los motores	Nm
U	Tensión de alimentación de los motores	V
i	Corriente que atraviesa los motores	A
b	Constante de fricción viscosa.	Nms/rad
	Péndulo	
g	Constante gravitacional.	m/s^2
M_b	Masa del cuerpo del robot.	Kg
J_b	Momento de inercia en el centro de masas del péndulo.	kgm^2
l	Distancia de las ruedas al centro de masas del péndulo.	m
θ_b	Ángulo del péndulo con la vertical.	rad
$\dot{\theta}_b$	Velocidad angular del péndulo.	rad/s

	Ruedas	
M_w	Masa de una rueda.	Kg
r	Radio de las ruedas.	m
J_w	Momento de inercia de una rueda.	kgm^2
$\dot{\theta}_w$	Velocidad angular de las ruedas.	rad/s
N	Fuerza normal del suelo sobre una rueda.	N

Tabla 5. Parámetros utilizados en el modelo matemático.

Los motores pueden ser modelados según el siguiente circuito eléctrico:

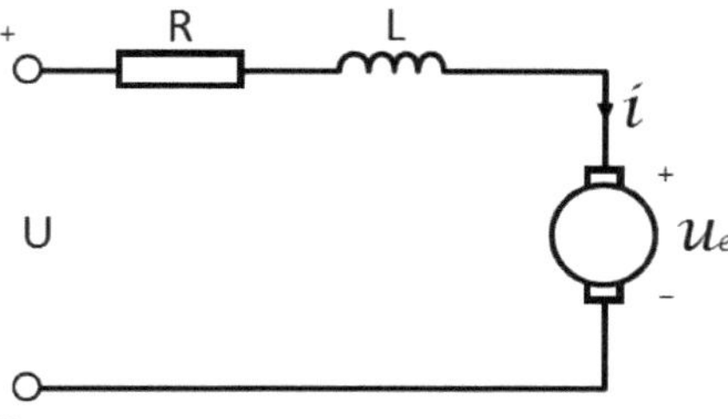

Fig. 33. Esquema eléctrico de un motor DC.

Donde R y L son los parámetros de la resistencia e inductancia de los devanados del estator del motor. U es la tensión de alimentación del motor y u_e es la fuerza contra-electromotriz (back emf), se supone proporcional a la velocidad angular de las ruedas $\dot{\theta}_w$ según la constante K_e tal que:

$$u_e = K_e(\dot{\theta}_w - \dot{\theta}_b) \quad (4.1)$$

El par motor o torque producido por uno de los motores es proporcional a la corriente que atraviesa los devanados del motor según la constante K_t, tal que:

$$T = K_m i \quad (4.2)$$

Aplicando la ley de Kirchhoff de las tensiones tenemos:

$$U = Ri + L\frac{di}{dt} + u_e \quad (4.3)$$

Como la dinámica del sistema mecánico es considerada lenta comparado con la parte del sistema eléctrico formado por los motores las corrientes transitorias pueden ser omitidas y el término derivativo eliminado. Despejando i:

$$i = \frac{U - u_e}{R} = \frac{U}{R} - \frac{K_e(\dot{\theta}_w - \dot{\theta}_b)}{R} \quad (4.4)$$

Utilizando la ecuación del torque aplicada a uno de los motores se obtiene:

$$T_1 = \frac{K_t}{R}u - \frac{K_e K_t}{R}(\dot{\theta}_w - \dot{\theta}_b) \qquad (4.5)$$

El término $(\dot{\theta}_w - \dot{\theta}_b)$ nos da la velocidad de rotación entre el rotor y el estator del motor, es decir entre las ruedas y el péndulo.

El diagrama de fuerzas en las ruedas será:

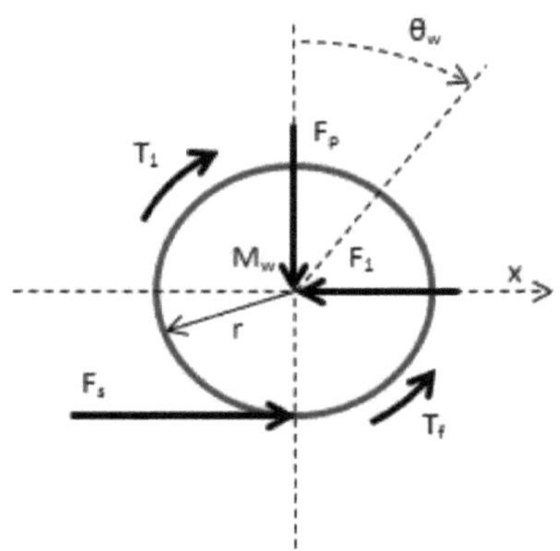

Fig. 34. Diagrama de fuerzas sobre una rueda.

Las ecuaciones básicas del movimiento de las ruedas vendrán dadas por:

$$J_w \ddot{\theta}_w = T_1 - rF_s - T_f \qquad (4.6)$$

$$M_w \ddot{x}_w = F_s - F_1 \qquad (4.7)$$

J_w incluye la inercia de la rueda, eje y motor. F_s es la fuerza de fricción con el suelo, T_f es el par producido por la fuerza de fricción que es proporcional a la velocidad angular. Para la otra rueda serían las mismas, pero con subíndices 2. Sustituyendo T_1 de la ecuación (5) en la ecuación (6) obtenemos el valor de la fuerza de fricción:

$$F_s = -\frac{J_w}{r}\ddot{\theta}_w - \frac{T_f}{r} - \frac{K_e K_t}{rR}(\dot{\theta}_w - \dot{\theta}_b) + \frac{K_t}{rR}u \qquad (4.8)$$

Suponiendo que no hay deslizamiento de la rueda, la rotación de la rueda se puede expresar por su desplazamiento, ídem con la aceleración:

$$\ddot{x}_w = \ddot{\theta}_w r \quad (4.9)$$

Las fuerzas que actúan en la parte mecánica del robot que forma el péndulo se ilustran en la siguiente figura:

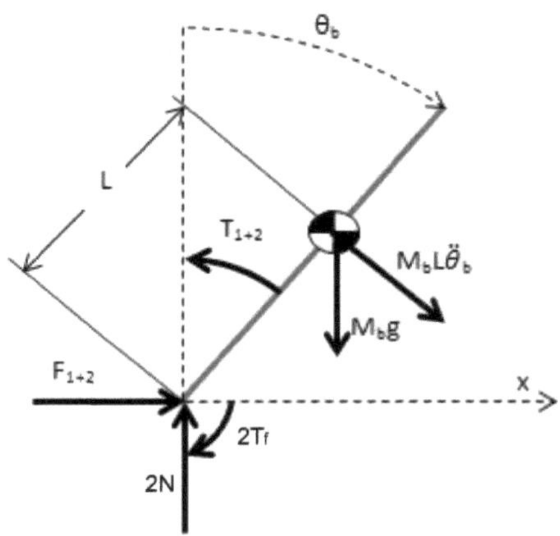

Fig. 35. Diagrama de fuerzas sobre el cuerpo del robot.

Los subíndices 1 y 2 representan a cada uno de los motores o ruedas. Las ecuaciones del movimiento del péndulo en dirección horizontal que son las que aportan información son:

$$M_b \ddot{x}_b = (F_1 + F_2) - M_b l\ddot{\theta}_b cos\theta_b \quad (4.10)$$

Donde el último término es la componente horizontal de la fuerza tangencial, aquella que tiene la misma dirección que el movimiento del cuerpo donde se aplica.

La ecuación del movimiento en el centro de masas es:

$$J_b \ddot{\theta}_b = -(F_1 + F_2)lcos\theta_b - (T_1 + T_2) + 2Nlsin\theta_b + 2T_f \quad (4.11)$$

Como se supone que la fuerza de fricción y reacción para cada rueda son la misma aparecen términos los multiplicados por 2. El movimiento perpendicular del péndulo es:

$$M_b\,\ddot{x}_b cos\theta_b = (F_1 + F_2)cos\theta_b - M_b\,l\ddot{\theta}_b - 2N\,sin\theta_b + M_b\,gsen\theta_b \quad (4.12)$$

Despreciando la diferencia entre las velocidades angulares de las ruedas, los sistemas ruedas y péndulo están unidos por las suma de las fuerzas de reacción $(F_1 + F_2)$. Sustituyendo las ecuaciones 10, 8 y 7:

$$M_b\,\ddot{x}_b + M_b\,l\ddot{\theta}_b cos\theta_b = -2(M_w + \frac{J_w}{r^2})\ddot{x}_w - \frac{2K_eK_t}{r^2R}\dot{x}_w + \quad (4.13)$$

$$+\frac{2K_eK_t}{rR}\dot{\theta}_b + \frac{2K_t}{rR}u - \frac{2T_f}{r}$$

Sustituyendo la ecuación 11 en la 12 ecuación se obtiene una expresión para la translación del péndulo respecto a su rotación:

$$(J_b + M_b\,l^2)\ddot{\theta}_b = M_b\,glsen\theta_b - M_b\,\ddot{x}_b cos\theta_b + 2T_f - (T_1 + T_2) \quad (4.14)$$

Donde $T_1\ y\ T_2$ se obtienen de la ecuación 5 y

$$T_f = b(\dot{\theta} - \frac{\dot{x}}{r}) \quad (4.15)$$

Comentar que en estos cálculos se han despreciado la fuerza centrífuga del péndulo por ser muy pequeña.

4.2.Modelo no lineal.

El resultado es un ***modelo no lineal*** definido por las ecuaciones (4.5) y (4.6) donde las variables a resolver son aceleración lineal ($\ddot{x}$) y la aceleración angular ($\ddot{\theta}$). Considerar también $\ddot{x}_w = \ddot{x}_b = \ddot{x}$ y el cambio de notación $\ddot{\theta}_b = \ddot{\theta}$

$$\ddot{x} = \frac{-\frac{2K_eK_t}{r^2R}\dot{x} + \frac{2K_eK_t}{rR}\dot{\theta} + \frac{2K_t}{rR}u - \frac{2b(\dot{\theta} - \frac{\dot{x}}{r})}{r} - M_b\, l\ddot{\theta}cos\theta}{M_b + 2\left(M_w + \frac{J_w}{r^2}\right)} \tag{4.16}$$

$$\ddot{\theta} = \frac{M_b\, glsen\theta_b - M_b\, \ddot{x}_b cos\theta_b + 2b(\dot{\theta} - \frac{\dot{x}}{r}) - 2(\frac{K_t}{R}u - \frac{K_eK_t}{R}(\dot{\theta}_w - \dot{\theta}))}{(J_b + M_b\, l^2)} \tag{4.17}$$

4.3.Linealización del modelo: Espacio de estados.

Como se comentó en el capítulo de teoría, el espacio de estados es un método que permite modelar la dinámica un sistema físico lineal. Partiendo del espacio de estados con la forma siguiente:

$$\begin{aligned} \dot{\xi} &= A\xi + Bu \\ y &= C\xi + Du \end{aligned} \tag{4.18}$$

El vector ξ que determina el estado del sistema contendrá cuatro elementos (posición, velocidad, ángulo y velocidad angular. El vector u tiene un único elemento que es la fuerza aplicada al péndulo, que en este caso en particular es el voltaje aplicado a los motores.

$$\xi = \begin{bmatrix} x \\ \dot{x} \\ \theta \\ \dot{\theta} \end{bmatrix}; y = \begin{bmatrix} y_1 \\ y_2 \\ y_3 \end{bmatrix}; \ u = F; \tag{4.19}$$

Para linealizar el sistema y crear el espacio de estados se han aproximado $cos\theta = 1\ y\ sen\theta = \theta$, al ser θ pequeño.

Para obtener las matrices A y B es necesario expresar las ecuaciones (4.6) en la forma:

$$\dot{\xi} = f(\xi, u) \tag{4.20}$$

De tal forma que:

$$\dot{\xi}_1 = f_1(\xi, u) = \xi_3$$
$$\dot{\xi}_2 = f_2(\xi, u) = \xi_4 \qquad (4.21)$$

Linealizando las ecuaciones buscando que queden de la forma

$$\dot{\xi}_i = \sum_{j=1}^{n} a_{ij}\xi_j + b_i u_1 \qquad (4.22)$$

Finalmente se tiene que:

$$A = \begin{bmatrix} 0 & 1 & 0 & 0 \\ 0 & \alpha & \beta & -r\alpha \\ 0 & 0 & 0 & 1 \\ 0 & \gamma & \delta & -r\gamma \end{bmatrix} \qquad (4.23)$$

$$B = \begin{bmatrix} 0 \\ \alpha\varepsilon \\ 0 \\ \gamma\varepsilon \end{bmatrix}$$

Donde

$$\alpha = \frac{2(Rb - K_e K_t)(M_b l^2 + M_b rl + J_b)}{R(2(J_b J_w + J_w l^2 M_b + J_b M_w r^2 + l^2 M_b M_w r^2) + J_b M_b r^2)} \qquad (4.24)$$

$$\beta = \frac{-l^2 M_b g r^2}{J_b(2J_w + M_b r^2 + 2M_w r^2) + 2J_w l^2 M_b + 2l^2 M_b M_w r^2)} \qquad (4.25)$$

$$\gamma = \frac{-2(Rb - K_e K_t)(2J_w + M_b r^2 + M_w r^2 + lM_b r)}{Rr(2(J_b J_w + J_w l^2 M_b + J_b M_w r^2 + l^2 M_b M_w r^2) + J_b M_b r^2)} \qquad (4.26)$$

$$\delta = \frac{lM_b g(2J_w + M_b r^2 + 2M_w r^2)}{2J_b J_w + 2J_w l^2 M_b + J_b M_b r^2 + 2J_b M_w r^2 + 2l^2 M_b M_w r^2} \qquad (4.27)$$

$$\varepsilon = \frac{K_t r}{Rb - K_e K_t} \qquad (4.28)$$

Capítulo 5.
Diseño del controlador.

Después de varias implementaciones se comprobó que la solución más óptima para el robot Piero es el uso de un controlador lineal cuadrático (LQR) para el control del balanceo y el desplazamiento. Para el control de giro y minimizar las discontinuidades de los motores se añadió en cascada un controlador proporcional, integral y derivativo (PID).

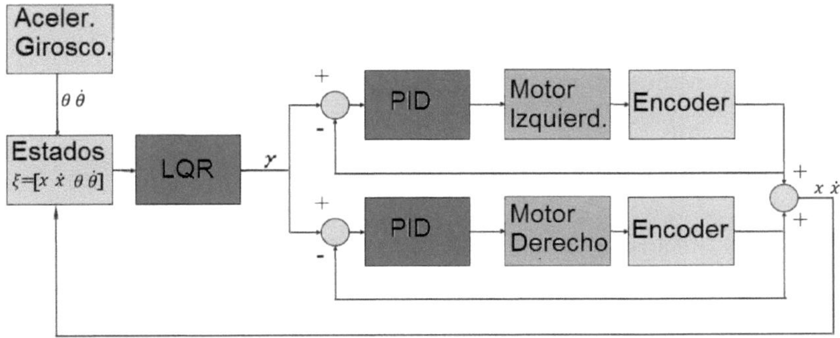

Fig. 36. Diagrama de bloques del controlador.

Para crear el espacio de estados del controlador LQR es necesario conocer ciertos parámetros del robot. Se comenzará en el siguiente apartado describiendo los procedimientos utilizados para su obtención.

5.1. Medidas de los parámetros del robot necesarios para el controlador LQR.

Los parámetros que se necesitan identificar son:

Parámetro	*Descripción*	*Unidad SI*
R	Resistencia del motor.	$Ohms$
K_e	Constante de fuerza contra-electromotriz del motor.	$V\ sec/rad$
K_t	Constante de torque del motor.	Nm/A
b	Constante de fricción viscosa.	Nms/rad
M_b	Masa del cuerpo del robot (péndulo).	Kg
J_b	Momento de inercia en el centro de masas del péndulo.	kgm^2
l	Distancia de las ruedas al centro de masas del péndulo.	m
M_w	Masa de una rueda.	Kg
r	Radio de una rueda.	m
J_w	Momento de inercia de una rueda. $J_w = mR^2/2$	kgm^2

Tabla 6. Parámetros a identificar.

5.1.1. Identificación de los parámetros de un motor DC.

Los motores DC pueden ser modelados por el acoplamiento de un sistema eléctrico a un sistema mecánico por un campo magnético.

La ecuación que describe el sistema eléctrico es

$$V = \frac{di}{dt} + Ri + K_e\omega \tag{5.1}$$

Y al sistema mecánico:

$$T = K_t i \ = J\frac{d\omega}{dt} + \omega b \tag{5.2}$$

Donde:

- K_e – Constante de fuerza contra-electromotriz del motor.
- R – Resistencia del motor.
- L – Inductancia del motor.
- i – Corriente que atraviesa los devanados del motor.
- K_t – Constante de torque del motor.
- b – Coeficiente de fricción viscosa
- J – Momento de inercia del motor (puede ser con carga).
- ω – Velocidad de giro del motor.

Las ecuaciones anteriores en estado estacionario (steady state) serían:

$$V_{ss} = Ri_{ss} + K_e\omega_{ss} \tag{5.3}$$

$$T = K_t i_{ss} = b\omega_{ss}$$

Por tanto tomando medidas sobre los motores en estado estacionario se pueden obtener los parámetros $R, K_e, K_t\ y\ b$.

5.1.2.Cálculo de masas, longitudes y momentos de inercia.

Las **masas** tanto del cuerpo del robot (M_b) y de las ruedas (M_w) se pueden obtener directamente mediante el uso de una balanza o instrumento de pesaje.

El **radio** de la rueda (r) se puede obtener directamente usando un pie de rey.

Para medir la **distancia de las ruedas al centro de masas** (l) del péndulo se necesita conocer el centro de masas. El centro de masas se puede hallar experimentalmente cuando al sujetar el robot por el eje perpendicular al eje de rotación que pasa por el centro de masas, el robot se mantiene en equilibrio.

Para obtener los momentos de inercia se pueden hallar mediante el cálculo teórico. Para el cuerpo del robot se ha tratado como un cilindro con una distribución uniforme de masa y se ha calculado el momento en su diámetro central siendo $J_w = \frac{1}{4}mR^2 + \frac{1}{12}mL^2$. En el caso de las ruedas, éstas se han tratado como un disco macizo con un eje que pasa por su centro, siendo su momento de inercia $J_w = mR^2/2$.

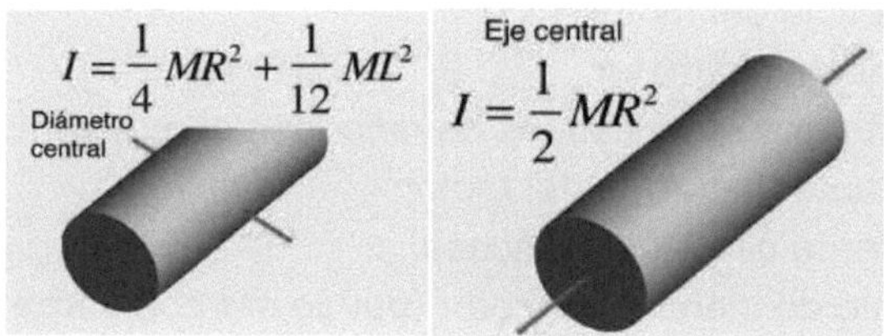

Fig. 37. Momentos de inercia en distintos ejes de un disco macizo.

5.1.3. Resultados obtenidos en el robot Piero 3.

La resistencia del motor se mide directamente con el multímetro:

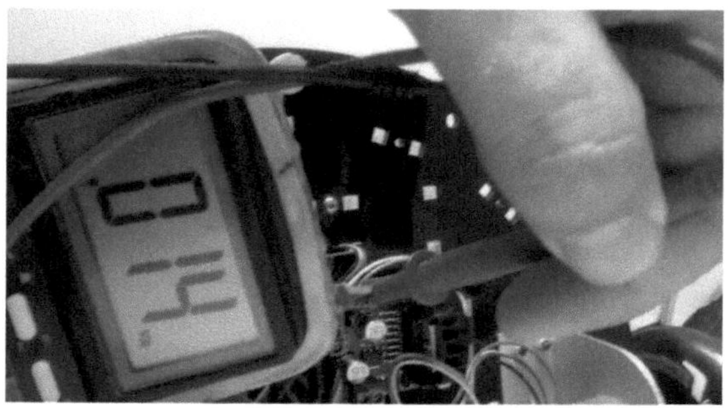

Fig. 38. Midiendo la resistencia de los motores.

Usando dos multímetros distintos y realizando varias medidas la media obtenida para los dos motores fue:

$$\boldsymbol{R = 12.5\,\Omega} \qquad (5.4)$$

El fabricante nos proporciona la siguiente hoja de características con valores para los casos en los que el motor esté sin carga, con carga y bloqueo:

型号：JGB37-371				参数表								
电压Voltage		空载No Load		负载转矩Load Torque				堵转Stall		减速器Reducer		重量
范围	额定	转速	电流	转速	电流	扭矩	功率	扭矩	电流	减速比	尺寸	Weight
Workable	Rated	Speed	Current	Speed	Current	Torque	Output	Torque	Current	Ratio	Size	单位
Range	Volt.V	rpm	ma	rpm	ma	kg.cm	W	kg.cm	A	1:00	mm	g
6-24V	12	430	47	300	300	0.4	1.25	1.6	1	10	19	140
6-24V	12	228	47	180	300	0.75	1.25	3	1	18.8	22	148

Tabla 7. Especificaciones del motor + reductora según el fabricante.

Nota: En caso de no disponer de los valores de la tabla, se pueden obtener con usando un voltímetro, un amperímetro y midiendo las revoluciones con la información del encoders, este método se usó para obtener los datos de los motores EMG30 del Piero 2.

De la misma con los parámetros del motor con carga, que será el caso más parecido al que se usa en el movimiento del robot, obtenemos:

$$\omega = 180\,rpm = 18.84\frac{rad}{s}$$
$$i = 0.3A$$
$$Ti = 0.75\,kg * cm = 0.075\,N\cdot m$$
$$V = 12\,V$$

$$T = K_t i_{ss} \rightarrow K_t = \frac{T}{i} = \boldsymbol{K_t = 0.25\,N\cdot m/A} \qquad (5.5)$$

$$V_{ss} = Ri_{ss} + K_e\omega_{ss} \rightarrow 12 = 12.5\cdot 0.3 + K_e\cdot 18.84 \rightarrow \boldsymbol{K_e} = \boldsymbol{0.43\,V\cdot S/rad}$$

$$T = K_t i_{ss} = b\omega_{ss} \rightarrow \boldsymbol{b = 0.004\,N\cdot m\cdot s/rad}$$

Las masas se obtienen directamente usando la balanza electrónica y el radio se calcula el diámetro medido con el calibre divido por dos:

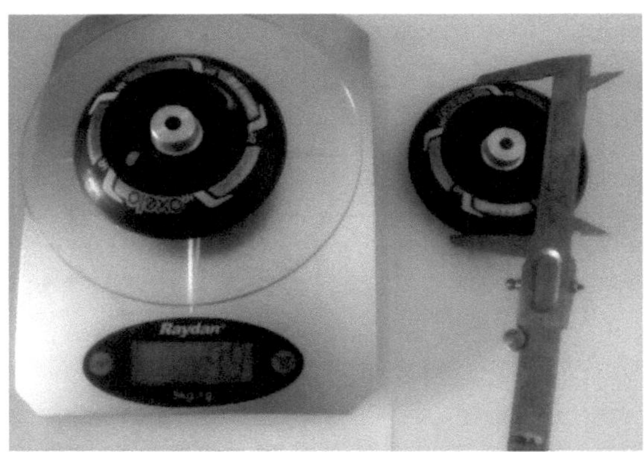

Fig. 39. Medidas de masa y radio de las ruedas.

Obteniéndose:

$$M_b = 1.685Kg \tag{5.6}$$
$$M_w = 0.097Kg$$
$$r = 0.04\, m$$

Los momentos de inercia matemáticamente son:

$$Cuerpo\colon J_w = \frac{1}{4}mR^2 + \frac{1}{12}mL^2 = 0.0017\ kg/m2 \tag{5.7}$$

$$Rueda\colon J_w = \frac{mR^2}{2} = 0.097\ kg/m2$$

Y la distancia de las ruedas al centro de masas se puede obtener experimentalmente una vez localizado el plano que contiene el centro de masas, perpendicular al plano de equilibrio del robot, tal como se dijo:

Fig. 40. Buscando el centro de gravedad experimentalmente.

Finalmente, los resultados obtenidos son:

Parámetro	*Descripción*	*Valor*
R	Resistencia del motor.	$12.5\ Ohms$
K_e	Constante de fuerza contra-electromotriz del motor.	$0.43\ V\ sec/rad$
K_t	Constante de torque del motor.	$0.25\ Nm/A$
b	Constante de fricción viscosa.	$0.004\ Nms/rad$
g	Constante gravitacional.	$9.81\ m/s^2$
M_b	Masa del cuerpo del robot (péndulo).	$1.685\ Kg$
J_b	Momento de inercia en el centro de masas del péndulo.	$0.0117\ kgm^2$
l	Distancia de las ruedas al centro de masas del péndulo.	$0.05\ m$
M_w	Masa de una rueda.	$0.097\ Kg$
r	Radio de una rueda.	$0.04\ m$

J_w	Momento de inercia de una rueda. $J_w = mR^2/2$	$0.0000776\ kgm^2$

Tabla 8. Valores de los parámetros medidos en el robot Piero 3.

5.2.Controlador LQR Equilibrio y desplazamiento:

El controlador LQR utiliza la realimentación negativa de los estados que describen el sistema para conseguir que su valor sea cero.

Partiremos de la siguiente especificación:

- *El controlador deberá devolver al vehículo al ángulo de inclinación cero o punto de equilibrio al menos desde una inclinación de $\pm 10°$ sin llegar a saturarse.*

Se comienza construyendo el espacio de estados del sistema utilizando los valores de los parámetros del robot obtenidos en el apartado anterior. El espacio de estados y sus matrices resultantes que lo forman son:

$$\begin{aligned} \dot{\xi} &= A\xi + Bu \\ y &= C\xi + Du \end{aligned} \tag{5.8}$$

$$A = \begin{bmatrix} 0 & 1 & 0 & 0 \\ 0 & -2.4494 & -2.8667 & 0.0980 \\ 0 & 0 & 0 & 1 \\ 0 & 20.7726 & 67.2355 & -0.8309 \end{bmatrix} \quad B = \begin{bmatrix} 0 \\ 0.4122 \\ 0 \\ -3.4957 \end{bmatrix} \tag{5.9}$$

$$C = \begin{bmatrix} 0 & 0 & 1 & 0 \\ 0 & 0 & 0 & 1 \end{bmatrix} \quad D = \begin{bmatrix} 0 \\ 0 \end{bmatrix}$$

El sistema obtenido es inestable, examinado los autovalores de la matriz A, se localizan algunos fuera del círculo unidad:

$$Autovalores = [0 \quad -9.2963 \quad -1.5040 \quad 7.5199] \tag{5.10}$$

El controlador LQR se encargará de mover estos polos a la zona de estabilidad a partir de las matrices de entrada y salida del espacio de estados (matrices A y B respectivamente) y condicionado por las matrices de peso Q y R.

Se definieron las matrices Q y R con los siguientes criterios:

$$Q = \begin{bmatrix} 1/\surd(\max\_x) & 1 & 0 & 0 \\ 0 & 1/\surd(\max\_x^{\cdot}) & 0 & 0 \\ 0 & 0 & 1/\surd(\max\_\theta) & 0 \\ 0 & 0 & 0 & 1/\surd(\max\_\theta^{\cdot}) \end{bmatrix} \quad (5.11)$$

$$R = [1/\surd(\max\_volt)]$$

Siendo:

Parámetro	*Descripción*	*Valor usado*
$\max\_x$	Máximo desplazamiento desde la posición inicial.	$0.1mm \approx 0$
$\max\_x^{\cdot}$	Máxima velocidad del motor.	$1\ m/s$
$\max\_\theta$	Máximo ángulo del robot respecto al equilibrio.	$0.17rad\ (10°)$
$\max\_\theta^{\cdot}$	Máxima velocidad angular del robot.	$50\ rad/s$
$\max\_volt$	Máximo voltaje aplicado a los motores.	$12\ V$

Tabla 9. Valores utilizados en las matrices Q y R.

Los valores elegidos son fruto de las prestaciones conocidas del robot y de las especificaciones del controlador.

Utilizando el software Matlab[1] se programaron la creación de las matrices así como el cálculo del controlador LRQ. Como resultado se obtuvieron las siguientes ganancias:

[1] Ver anexo I "Código en Matlab para el cálculo de ganancias del controlador LQR".

$$[K_x \quad K_{\dot{x}} \quad K_\theta \quad K_{\dot{\theta}}] = [-18.6121 \quad -24.3288 \quad -59.9290 \quad -7.7998] \tag{5.12}$$

El controlador obtenido es muy eficaz para **mantener el equilibrio en una posición ante perturbaciones**, pero para que el robot pueda responder mejor ante perturbaciones y poder volver a su posición inicial además de facilitar distintos tipos de movimientos es necesario añadir los **estados integrados** de la posición y del ángulo de inclinación, siendo ahora el nuevo espacio de estados:

$$\xi = \begin{bmatrix} x \\ \dot{x} \\ \theta \\ \dot{\theta} \\ \int x \\ \int \theta \end{bmatrix} \tag{5.13}$$

Estos nuevos estados se encargan de almacenar el error de la posición respecto al punto de partida y el error respecto del ángulo de equilibrio.

El **avance y retroceso** del robot se consigue sumando a los valores del ángulo y velocidad angular un offset generado a partir de la consigna de la velocidad deseada. Este offset también será tenido en cuenta por los estados integrales.

Las siguientes indicaciones sirven de guía para diseñar el controlador para facilitar el movimiento que se desee para el robot:

- Con el estado integrado de la posición el robot volverá a su posición original ante una perturbación o desplazamiento forzado. La rapidez dependerá del valor de la ganancia $K_{\int x}$
- Si no se utilizan los estados de la posición e integrado de la posición $K_{\int x} = K_x = 0$, manteniendo activos los estados $\dot{x}, \theta, \dot{\theta}$, el robot mantendrá el equilibrio sin importarle la posición en la que esté, las perturbaciones harán cambiar la posición pero no el equilibrio.

- El estado integrado del ángulo de inclinación permite corregir el error que se introduce al provocar un desplazamiento en el robot, movimiento provocado introduciendo offset respecto al ángulo de $0°$.

5.3.Controlador PID: Control de giro y simetría de los motores.

Usando un controlador PID, sintonizado adecuadamente, sobre los motores se consigue una respuesta del robot más suave y estable ante las perturbaciones. Permite además que el controlador LQR vea a los motores iguales.

Debido a la no linealidad de los actuadores del robot, motores DC, y a las diferencias entre ellos, como márgenes de las zonas muertas diferentes, se necesita poner especial atención para mejorar la respuesta, razón del uso del controlador PID.

Este controlador colocado en cascada detrás del controlador LQR recibe el valor consigna de éste, en m/s. A este valor se le sustrae el valor de la velocidad real y a esa diferencia, llamada error, es lo que el controlador intenta minimizar cambiando el valor de su salida, PWM (de 0 a ±225), que se le aplica al driver del motor. Si por ejemplo está en la zona muerta, el controlador aumentará el valor del PWM hasta obtener el valor consigna proporcionado por el controlador LQR.

Al existir un controlador PID para cada motor, aunque las zonas muertas sean diferentes, se terminará alcanzando la misma velocidad consigna para ambos motores.

Para obtener el **control de giro** se ha usado la técnica de sumar al error de entrada de los controladores PID el valor deseado de giro tras convertirlo a m/s, unidad de entrada del PID.

Por ejemplo, se desea un giro de $\phi \frac{\circ}{s}\, a\ la\ izquierda$ y el robot se desplaza a una velocidad de un $x\ m/s$ y el radio de la rueda es R. Al error de entrada del

PID se le sumaría un $\Delta z = y * \frac{\pi \cdot R}{180 \cdot x}$ al motor izquierdo y cero al motor derecho. Éste al intentar eliminar el error provoca el giro ya que actúa sólo sobre un motor.

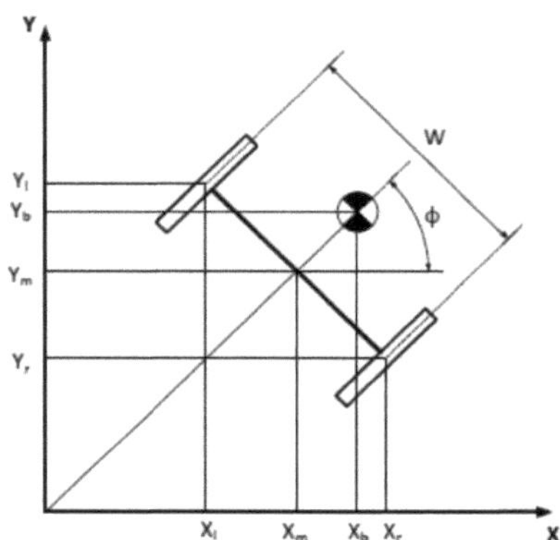

Fig. 41. Diagrama del robot sobre los ejes x e y.

En el modo de giros más cerrados se aplica un Δz positivo a un motor y negativo al otro motor.

5.4. Sintonización del controlador PID.

Para la sintonización del controlador PID se ha utilizado un método basado en las herramientas proporcionadas por Matlab y Simulink, en vez de métodos clásicos de sintonización como Ziegler-Nichols u otros en bucle abierto.

Se parte de la obtención de un modelo dinámico de primer orden de los motores, capturando los datos, mediante *Simulink*, de la velocidad de los motores a la respuesta a distintas señales de prueba, Mediante la herramienta *Ident* y los datos obtenidos se obtiene el modelo.

Se implementa en *Simulink* la planta, y mediante la herramienta *PID Tuner* se buscan los valores adecuados para el controlador observando la respuesta de la planta.

A continuación, se explica el proceso en más detalle.

5.4.1.Obtención de los datos de respuesta de los motores.

Para la obtención de los datos para crear el modelo se han creado la dupla de aplicaciones en Simulink *Data_logger_motors* y *Data logger_motors PCApp.*

La primera se instalada en la placa Arduino y con la segunda se envía las órdenes a los motores de la respuesta que se quiere obtener y se recibe la esa respuesta.

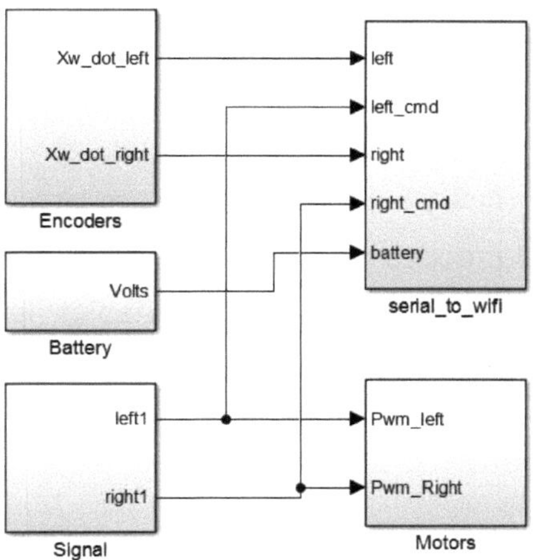

Data logger for Piero robot motors. Arduino software.

Jesús Muñoz Martínez. September 2016.

Note: For edit constants you must use callbacks

For deploy to hardware. Use the PC app for data reception with same time step.

Fig. 42. Software Data logger para programar en la placa de Arduino.

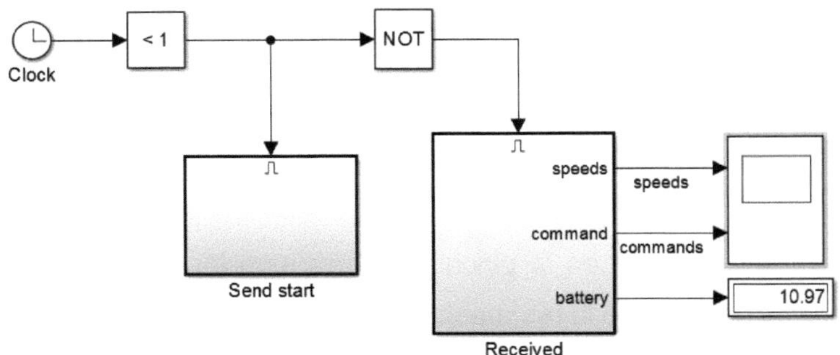

Fig. 43. Software Data Logger para ejecutar en el PC.

Una vez realizado el proceso de captura de datos, el software habrá creado en el espacio de trabajo de Matlab cuatro variables: left_in, left_out, right_in, right_out, que son los datos de entrada y la respuesta de los motores izquierdo y derecho, así como información adicional como la carga de la batería y tiempo de muestreo *Ts*.

Como nota a destacar, al realizarse la captura de datos **vía inalámbrica** se pueden obtener modelos dinámicos de los motores en diferentes circunstancias, no solo con el robot estático con las ruedas de los motores libres, ya que el cable de comunicaciones limitaba los movimientos, sino con el robot desplazándose siendo esa la situación real.

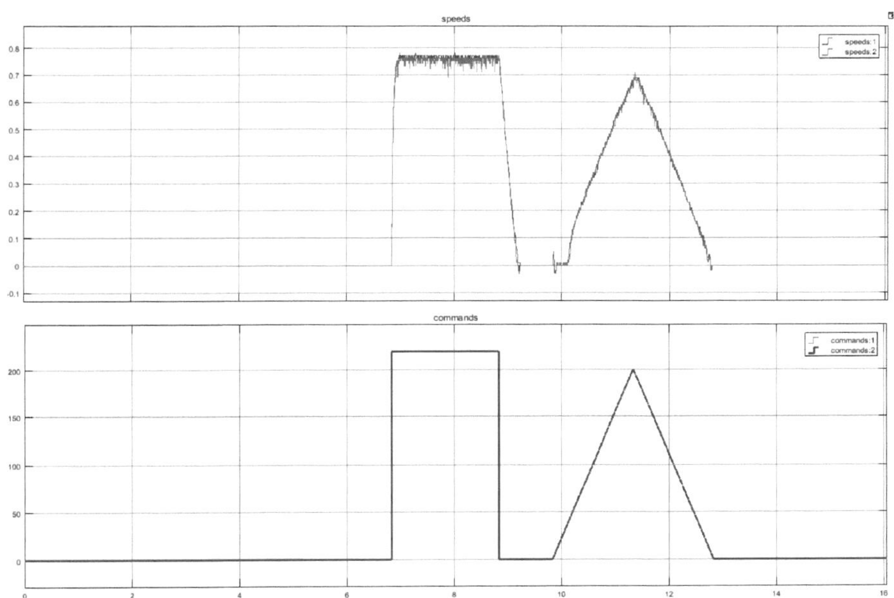

Fig. 44. Datos capturados de la respuesta de los motores

5.4.2.Obtención del modelo de los motores.

Con la herramienta *ident (system Identification)* y los datos de entrada y respuesta de los motores para un tiempo de muestreo conocido se pueden obtener los modelos de los motores.

Para ello primero se **importarán** los datos, siendo *left_in* y *right_in* los de entrada y *left_out* y *right_out* los de salida. Se utilizará la opción de datos en el dominio del tiempo *(time domain data)*. El tiempo de muestreo es *Ts*. El proceso habrá que realizarlo por separado para cada motor.

Con los datos importados seleccionados con la opción *estimate → Transfers Function Models* para obtener la función de transferencia del motor. Se eligirá cero zeros y un polo en *Numbers of poles, Numbers of zeros* para que la respuesta sea de primer orden. Tras pulsar la opción estimar se obtiene la función de transferencia deseada.

Los resultados obtenidos se muestran en la siguiente tabla:

Condiciones	*Motor izquierdo*	*Motor derecho*
$Sin\ carga$ *Ts=0.004, Batería 11.33 V*	$F(s) = \dfrac{0.03961}{s + 11.12}$	$F(s) = \dfrac{0.03939}{s + 11.2}$
$Con\ carga, peso\ del\ robot$ *Ts=0.004, Batería 10.97 V*	$F(s) = \dfrac{0.01172}{s + 4.059}$	$F(s) = \dfrac{0.0119}{s + 4.047}$

Tabla 10. Modelo dinámico de primer orden de los motores.

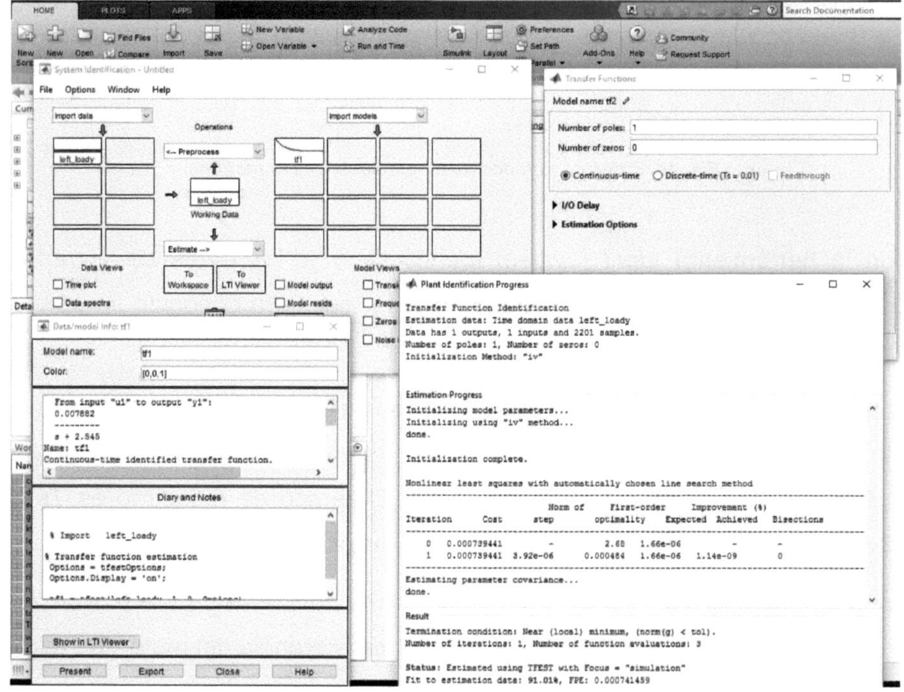

Fig. 45. Proceso se identificación del modelo con la herramienta ident *de Matlab.*

5.4.3.Obtención de los parámetros del controlador PID.

Para este último paso se utiliza la aplicación creada en Simulink *PID_Tune.*

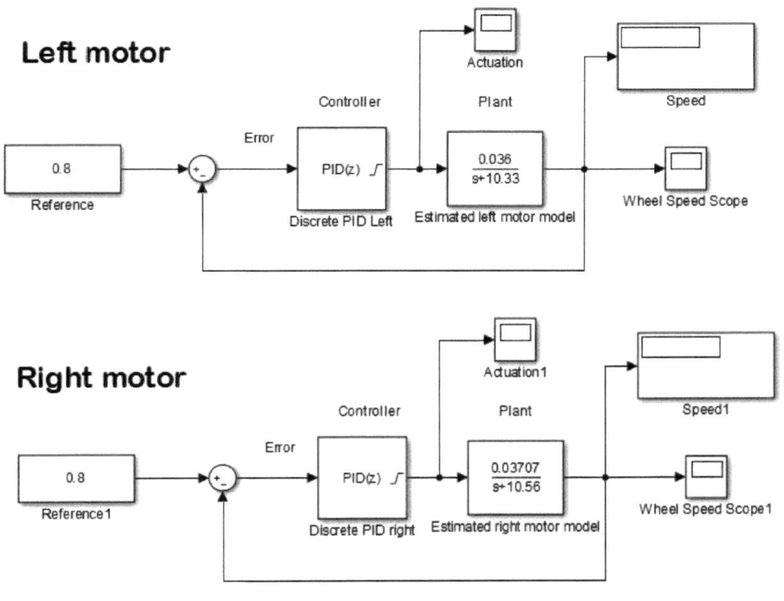

Fig. 46. Aplicación PID tune.

En ella se introduce los modelos dinámicos de los motores obtenidos y así se completa la planta cuya estructura es la típica de cualquier controlador PID, que utiliza la realimentación negativa.

En el bloque *discrete PID controller,* después de configurar los límites de las saturaciones, las opciones anti-windup[2], el tiempo de muestreo y haber

[2] Consultar sección 3.2.1.

seleccionado la configuración del controlador, con el botón *Tune* (sintonizar) lanzamos la aplicación *PID Tuner*.

En esta aplicación se sintoniza el controlador basándose en el *tiempo de respuesta deseado* y en la *robustez del controlador* mediante unos controles deslizantes. La respuesta a la entrada escalón se muestra tras cada modificación de los controles, así como los parámetros de tiempo de subida, tiempo de establecimiento, sobreoscilación entre otros, como se observa en la figura Fig. 48. Herramienta PID Tuner.

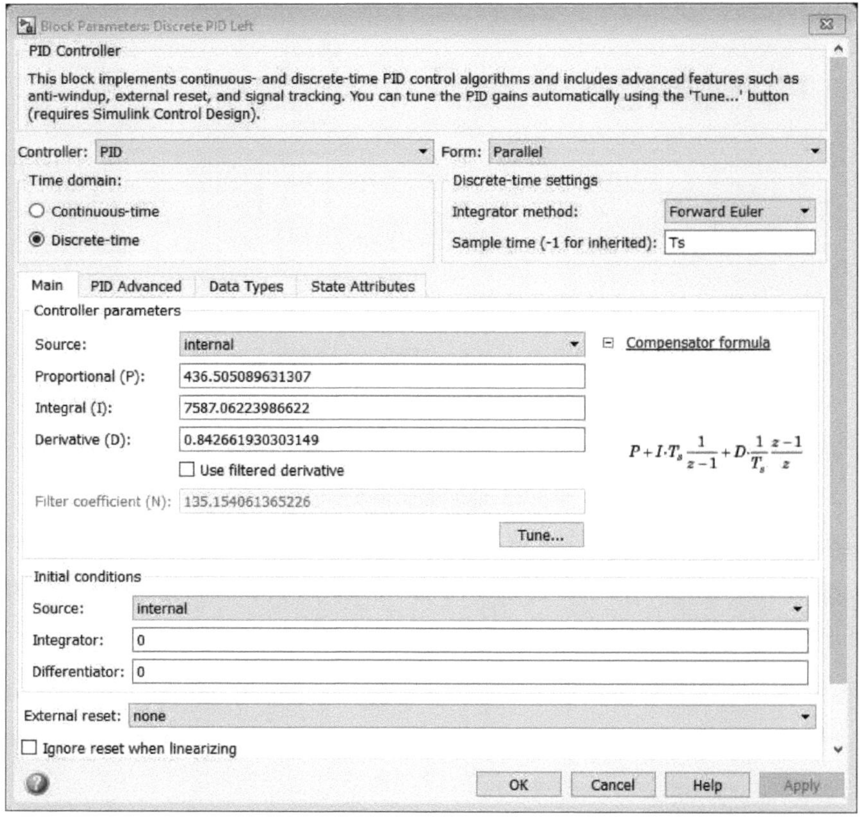

Fig. 47. Configuración del bloque PID Controller.

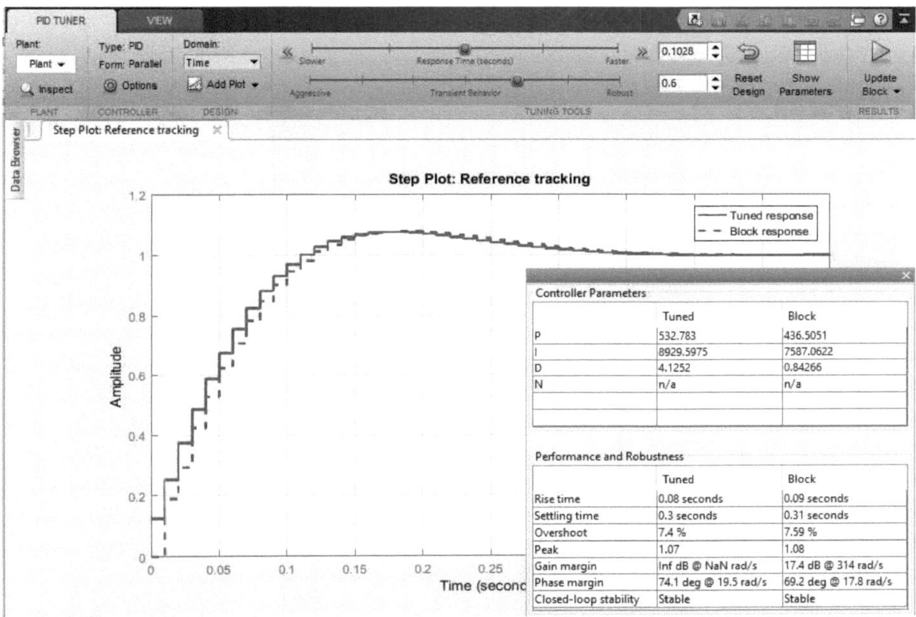

Fig. 48. Herramienta PID Tuner.

Una vez sintonizado el controlador y obtenidos los valores de la acción proporcional, integral y derivativa, ya solo queda integrarlos en el controlador diseñado, que en este caso es la segunda etapa de un control en cascada LQR + PID.

Capítulo 6. Implementación del control autobalanceado.

En esta sección se describe la implementación del sistema de control usando el software Simulink de Matlab. [14]. El nivel superior del modelo[3] de Simulink se presenta en la siguiente figura:

[3] *Consultar para ver el modelo completo el anexo II "Modelo de Simulink".*

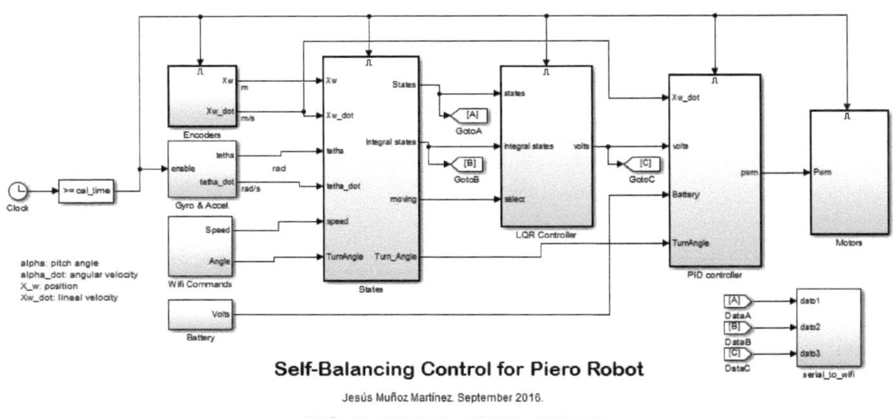

Fig. 49. Nivel superior del modelo en Simulink

En una breve descripción, de izquierda a derecha tenemos; las entradas del sistema que son la información proporcionadas por los sensores (giroscopio, acelerómetro, encoders y nivel de la batería) y las órdenes de operación recibidas inalámbricamente.

A continuación, con la información anterior en el bloque “States” se construye los estados del sistema $[x \quad \dot{x} \quad \theta \quad \dot{\theta} \quad \int x \quad \int \theta]$ y se determina el controlador a usar según el movimiento que debe hacer el robot.

Los siguientes bloques son los pertenecientes al controlador LQR y posteriormente al controlador PID colocado en cascada, el cual con la información del estado de la batería actúa sobre el driver que controla a los dos motores, implementado en el bloque “Motors”.

Los valores de las variables se pueden modificar accediendo a la pestaña *Callbacks* en *Model Properties.* Dentro la función de inicialización, *InitFcn,* se encuentran declaradas las variables y constantes. Si hay modificaciones en el robot o si es otro modelo distinto como en los otros dos en los que se ha probado (Piero 2 y Mnipiero), ajustando aquí los parámetros es suficiente para portar el controlador, siempre que se respete las conexiones hardware de los sensores.

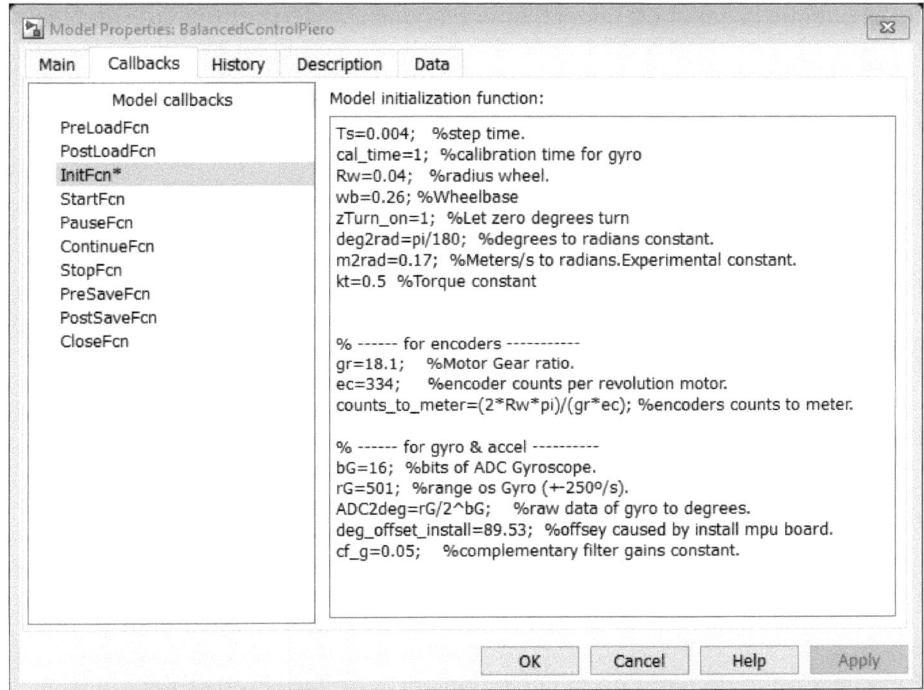

Fig. 50. Pestaña callbacks con los parámetros de inicialización

6.1.Entradas. Sensores y comandos.

Se describirán los bloques utilizados como entradas de datos e información del entorno.

6.1.1.Encoders.

En el interior de este bloque se obtiene mediante una función empotrada en un bloque *s-function* el valor de la cuenta del número de pulsos que ha recorrido los motores.

Con el valor de esa cuenta y conociendo que:

- el motor actúa sobre una reductora 18.8:1,
- una vuelta de motor son 334 pulsos,
- el diámetro de la rueda es de 8 cm,

se obtiene la ganancia *counts_to_meter* que convierte esa cuenta de pulsos en metros.

Derivando en el tiempo los metros recorridos se obtienen la velocidad en m/s.

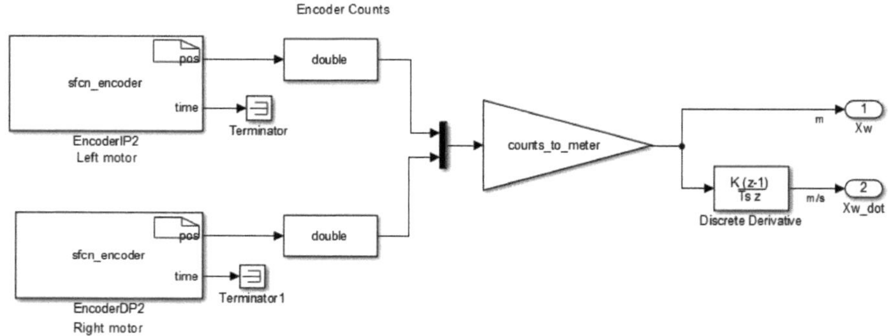

Fig. 51. Bloque encoders.

6.1.2.Giroscopio y acelerómetro.

En este bloque se parte de la implementación de las librerías para la lectura de los sensores de la familia MPU-xxxx del fabricante InvenSense [2] en una *S-function* [15]. De este modo se obtienen los valores brutos del giroscopio y acelerómetro. Para el control implementado sólo se necesitan el valor del giroscopio en el *eje x* y los de los *ejes z e y* para el acelerómetro.

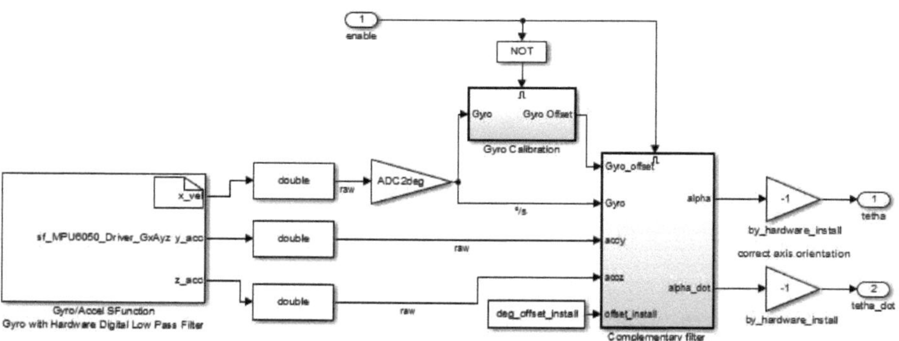

Fig. 52. Bloque Gyro & accel.

Conociendo que el giroscopio está configurado en un rango de ±250°/s y su ADC es de 16 bits se obtiene el valor de la ganancia *ADC2deg* que nos da los datos en grados/s. Para el acelerómetro, configurado en un rango de ±2g no es necesario calcular ninguna conversión ya que los datos de los *ejes z e y* formaran parte de un cociente para obtener mediante la arcotangente el ángulo en radianes, unidades del SI.

Para calcular la *deriva del giroscopio* se ha implementado el bloque *Gyro Calibration* que está activo solo durante unos segundos antes de que todo el sistema se ponga en marcha. Mediante un integrador ponderado se calcular ese valor del offset característico de estos dispositivos.

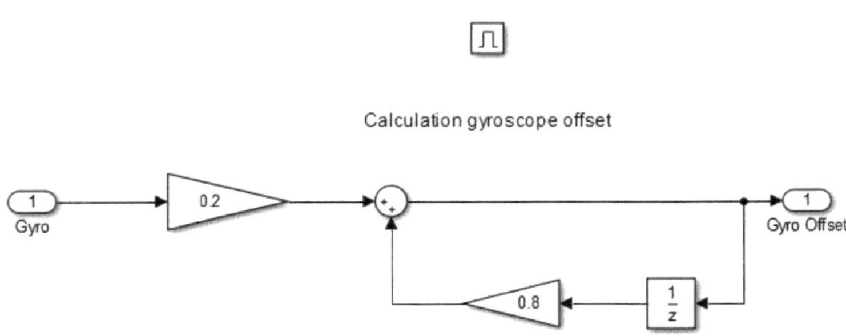

Fig. 53. Bloque Gyro calibration.

Por último, en el bloque *angles & filter* se realiza un filtrado de los valores del giroscopio conociéndose el offset para obtener el valor definitivo de la *velocidad angular* proporcionada por del giroscopio y el cálculo del *ángulo* con los datos en bruto del acelerómetro.

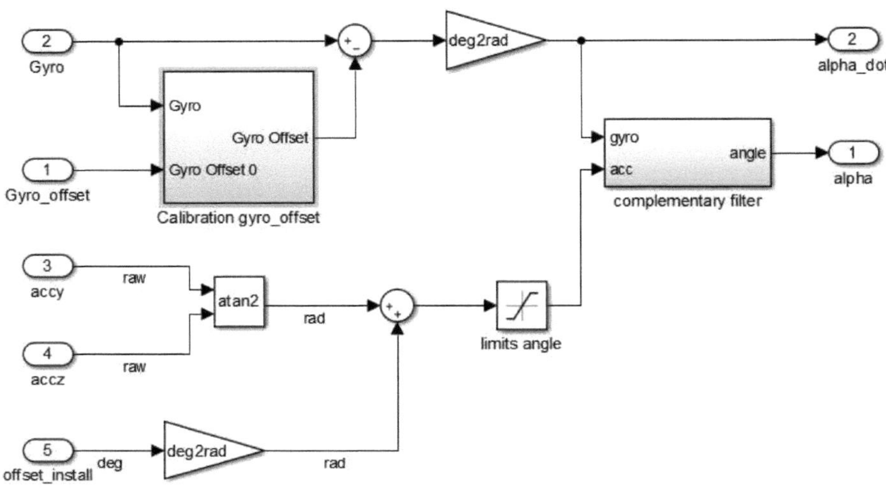

Fig. 54. Bloque angles & filter.

Con estos valores introducidos en el bloque *complementary & filter* se obtiene el valor del ángulo de inclinación mediante la técnica del filtro complementario.[4]

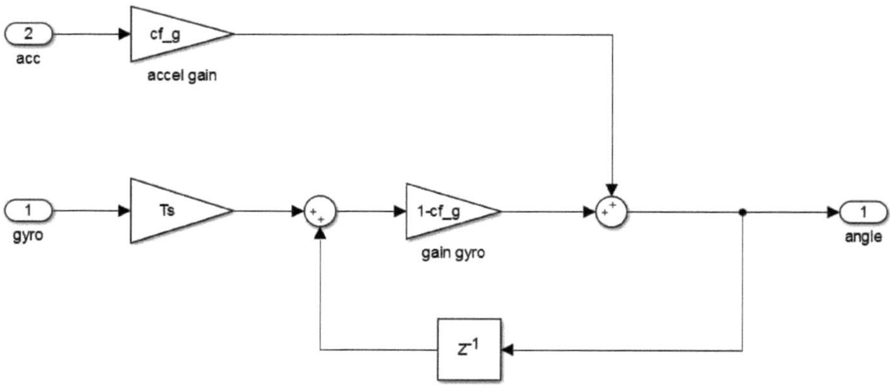

Fig. 55. Bloque complementary filter.

[4] Consultar el apartado "3.3.2 Algoritmos de fusión de sensores" para conocer su base teórica.

6.1.3.Comandos vía WIFI.

Dentro de este bloque se reciben los datos a través del puerto serie número 2 de la placa Arduino Mega. A este puerto está conectada el módulo serial-WiFi que actúa como un puente inalámbrico transparente.

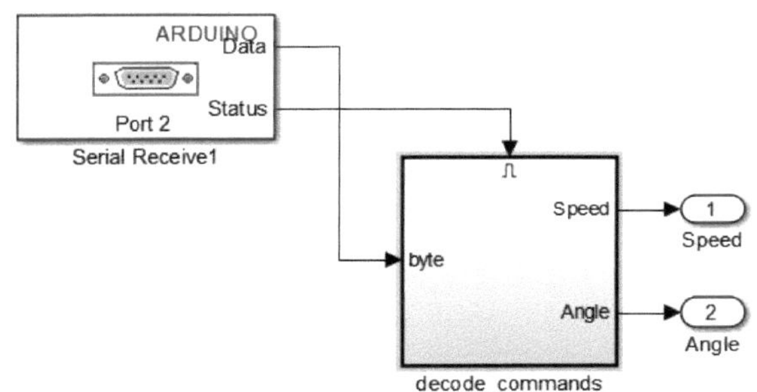

Fig. 56. Bloque Wifi comandos.

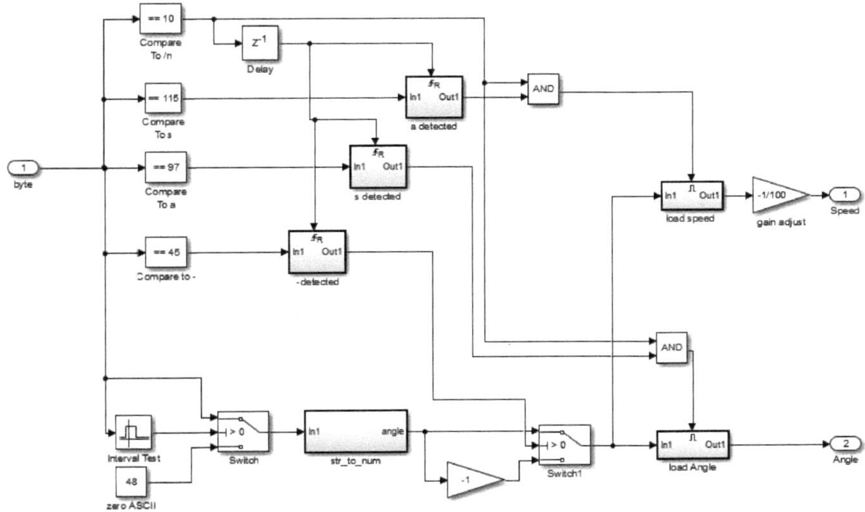

Fig. 57. Bloque decode commands.

En el interior del bloque *decode_commands* se interpretan, según el protocolo de comunicaciones establecido, los datos recibidos y se obtienen el valor de la velocidad y ángulo de giro enviados en el comando.

El protocolo de comunicaciones diseñado se basa en la transmisión de comandos ASCII. Un carácter ASCII ocupa un entero de 8 bits, es decir un valor desde o a 255.

En la siguiente tabla se muestra el formato de los comandos, los caracteres ASCII se envían a partir del identificador de comando hasta el terminador.

ASCII 1	ASCII 2	ASCII 3	ASCII 4	ASCII 5	ASCII 6
Identificador de comando	Signo (opcional)	Centenas (opcional)	Decenas (opcional)	Unidades	Terminador "\n"

Tabla 11. Formato de comandos utilizado.

- **Identificador de comando**: Puede tomar los valores:
  - a: Indica que el valor que se envía es para un giro º/s.
  - s: Indica que el valor que se envía es velocidad en cm/s.
  - l: Indica que un valor PWM para el motor izquierdo. [5]
  - r: Indica que un valor PWM para el motor izquierdo.[6]
- **Signo**: Se envía el carácter (-) para indicar valores negativos. Es opcional y se envía solo para valores negativos. Para los valores positivos el carácter (+) o cualquier otro es ignorado y no hay problema en enviarlo ya que en ausencia del carácter (-) siempre se considera valor positivo.
  Los valores negativos representan giros a la izquierda y que el robot avance marcha atrás.
- **Centenas, decenas y unidades**: Contienen el valor numérico. Solo es necesario enviar los caracteres ASCII necesarios para representarlo. Por ejemplo, si el valor es 56 se enviaría carácter (5) y luego (6).

---

[5]

[6] Solo usado en la aplicación LQR_Tune

- **Terminador**: Para indicar el final de comando y éste se procese se envía el terminador nueva línea. ASCII(\n)

Ejemplos:

1	a-58\n	Giro de 58°/s a la izquierda.
2	a160\n	Giro de 160°/s a la derecha.
3	s100\n	Avanza a la velocidad de 100 cm/s.
4	s-35\n	Retrocede a la velocidad de 35 cm/s.

Tabla 12. Ejemplos de comandos.

6.1.4. Batería.

En el bloque *battery* se obtiene el valor de la carga de la batería en voltios. Para ello se ha conectado una entrada analógica de la placa Arduino a través de un divisor de tensión para adaptar la tensión al rango del ADC del microcontrolador.

El divisor de tensión, que permite adaptar el rango de tensión de la batería (hasta 12.6 voltios) a los 5 voltios usados por el microcontrolador, está formado por unas resistencias de 56kΩ y 100kΩ con tolerancia del 1%. Sus valores exactos medidos han sido 55.9 kΩ y 99kΩ. La ecuación que describe su funcionamiento es:

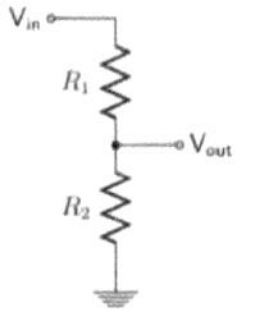

$$Vout = Vin \cdot \frac{R2}{R1 + R2} \quad (6.1)$$

Tabla 13. Divisor de tensión.

El ADC del microcontrolador es de 10 bits y su fondo de escala 5 voltios.

Los valores anteriores justifican el valor de las ganancias utilizadas en este bloque.

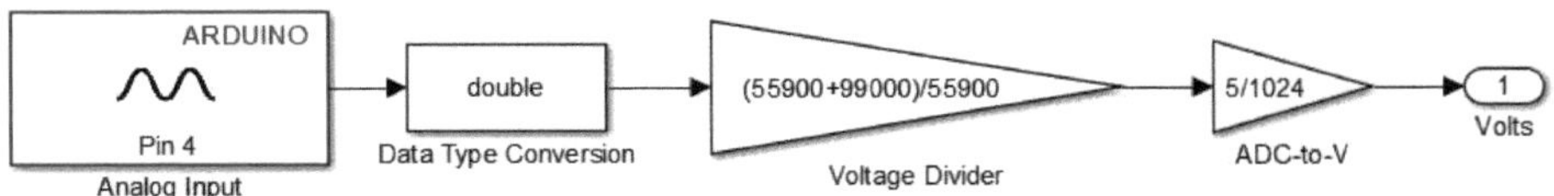

Fig. 58. Bloque Battery.

6.2.Creación de estados.

En este bloque, con la información que proporcionan los bloques de entrada se construyen los valores de los estados, es decir posición, velocidad lineal, posición angular, velocidad angular y los estados integrales de la posición y ángulo. Estos valores están referidos al centro de gravedad del sistema.

Para hallar la posición y velocidad lineales se suma a la media de los valores proporcionados por las 2 ruedas (encoders), el desplazamiento y velocidad debido a la inclinación del robot.

El valor de la posición angular es el proporcionado por el filtro complementario y la velocidad angular por el giroscopio tras su calibración.

Los estados integrales se calculan en el bloque *integral states* integrando la posición y él ángulo. A este último habría que sumarle el valor que se le añade cuando se le exige un desplazamiento, por causa del comando *speed,* que se le añade al error que ya tendría acumulado el estado integral de la posición.

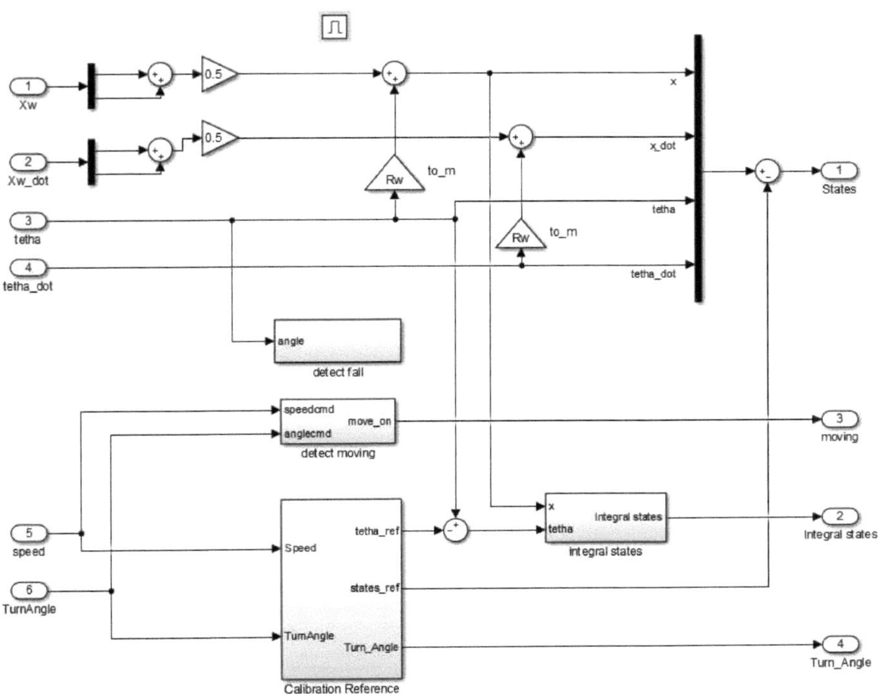

Fig. 59. Bloque states.

Además, en este bloque se detecta si al robot se le exige que esté estático o que se desplace con el sub-bloque *detect moving* que se usará para seleccionar un modo distinto en el controlador LQR.

El bloque *detect fall* detecta si el robot se ha caído, en caso de que sea así envía por el pin 7 a través de un inversor hardware un reset a la placa de Arduino. Así el robot se para, su calibra y se levanta por sí solo.

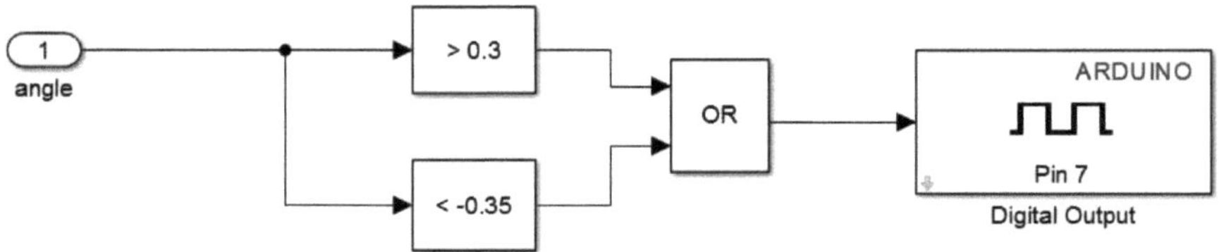

Fig. 60. Bloque detect fall.

Por último en el bloque *calibration reference* se convierte o calibra el valor de los comandos *speed* y *turnAngle* a las unidades y valores para ser sumados a los estados ya construidos.[7]

La obtención del valor de la constante de calibración m2rad para la velocidad se detalla en capítulo 7.

[7] Se recuerda que el **avance y retroceso** del robot se consigue sumando a los valores del ángulo y velocidad angular un offset generado a partir de la consigna de la velocidad deseada

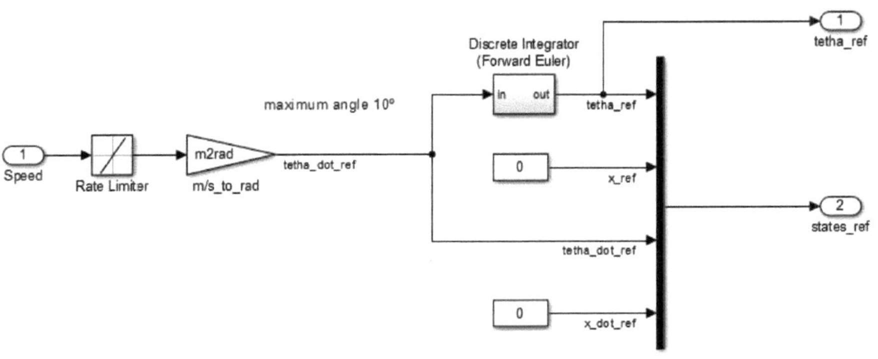

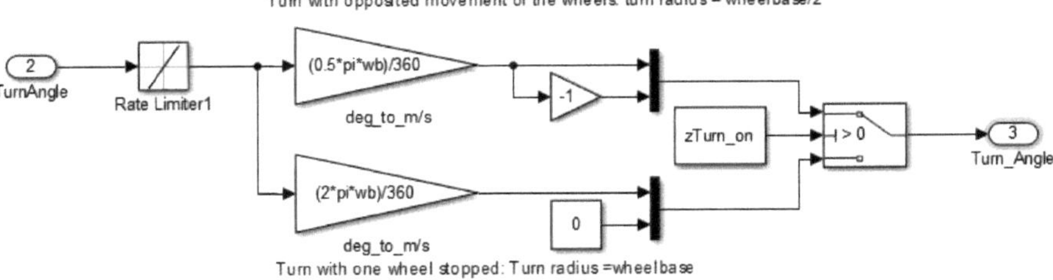

Fig. 61. Bloque Calibration Reference.

6.3.Controlador LQR.

En este bloque se implementan dos controladores LQR. El *dinamic controller* permite mantener el equilibrio y el desplazamiento del robot sin importar en qué posición se encuentre. Fuerzas externas pueden provocar desplazamientos y que mantenga el equilibrio en distinto lugar.

El *static controller* mantiene el equilibrio y posición. Si una fuerza externa actúa sobre el robot, éste intenta conservar la posición inicial. En caso de que consiga provocar un desplazamiento, al cesar la fuerza recupera la posición de inicial.

La selección de un controlador u otro se realiza con la señal *select* conectada a la salida del bloque *detect moving* dentro del bloque *states*.

Ya sea con uno u otro controlador a la salida obtendremos la tensión con la que se deberán alimentar los motores.

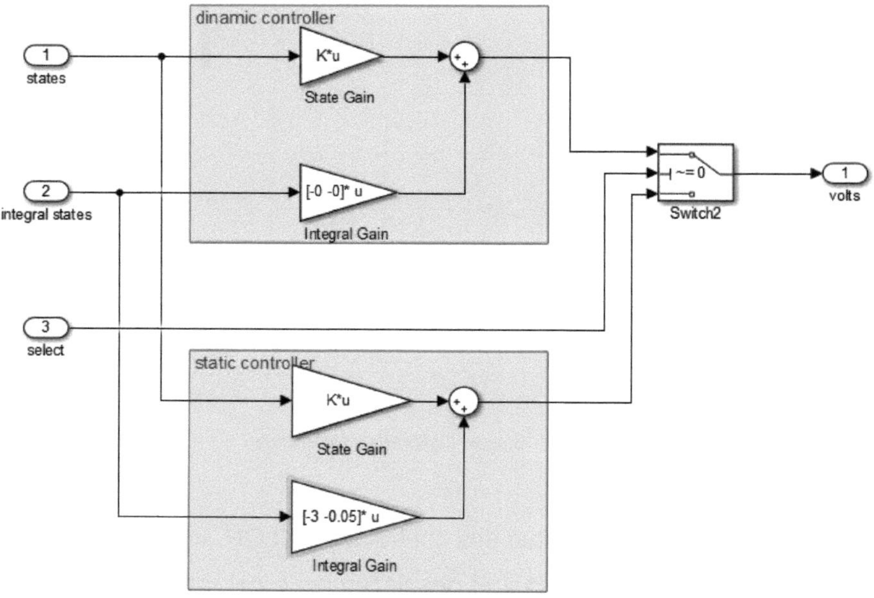

Fig. 62. Bloque LQR Controller.

6.4.Controlador PID.

A partir de la tensión que hay aplicar a los motores, este bloque obtiene el valor de PWM que hay que aplicar al driver del motor.

Primero con el valor de la carga de la batería hace un primer ajuste antes de aplicar la ganancia que convierte los voltios a m/s, unidad en la que trabaja el controlador PID.

Para la conversión a m/s se usan el radio de la rueda y la constante de torque del motor.

A la entrada del PID se conecta el valor consigna, obtenido del controlador LQR tras convertir los voltios y el valor de la velocidad actual de las ruedas proporcionada por los encoders (*Xw_dot*). Además se le añade el valor que se genera tras calibrar el valor del comando TurnAngle[8].

Esta suma de los distintos valores anteriores, que pueden ser negativos, es el valor que el controlador PID intenta llevar a cero.

Como el controlador PID se ha sintonizado para que a su salida de un valor PWM (de 0 a ±255), ya se puede mandar directamente al driver del motor.

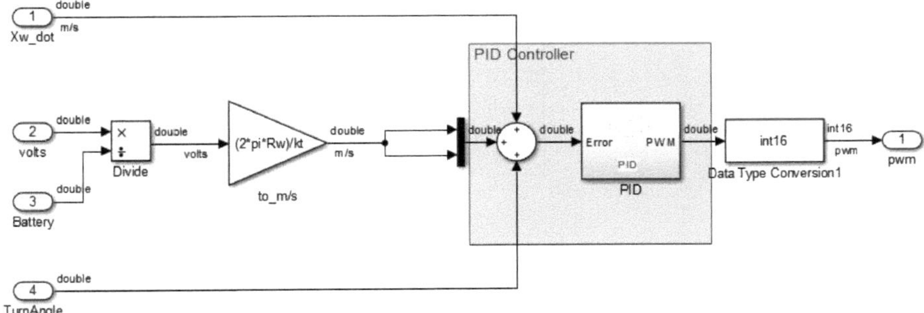

Fig. 63. Bloque PID Controller.

6.5.Driver motor.

En este bloque se implementa las conexiones necesarias de los terminales de la placa Arduino para controlar el driver de los motores, el integrado L298N[9].

[8] Para obtener el **control de giro** se ha usado la técnica de sumar al error de entrada de los controladores PID el valor deseado de giro tras convertirlo a m/s, lo que provoca un giro. Ver apartado 5.2.

[9] Ver apartado 2.2.2. Driver de potencia L298N.

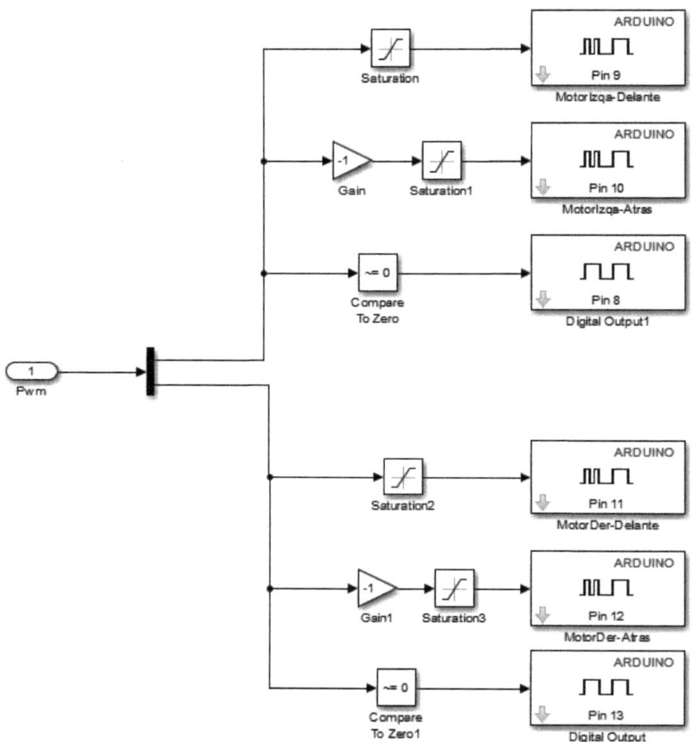

Fig. 64. Bloque Motors.

6.6.Registro de datos.

Este bloque que no forma parte propiamente dicha del control, se utiliza para toma de datos de las distintas variables que se le conecten. Aunque en el bloque hay implementado la transmisión de 7 datos, básicamente todos siguen la misma estructura. Aunque el dato a transmitir se realiza por módulo serie a comunicación inalámbrica, sigue siendo una comunicación por serie estándar, por tanto, se realiza enviando paquetes de datos formados por enteros sin signo de 8 bits.

Por tanto, el valor a enviar como debe ser un valor entero se multiplica por 100 para obtener dos decimales de precisión. Posteriormente en la recepción se dividirá por 100. Luego se convierte a un entero de 16 bits, del cual se extraerá los byte superior e inferior que se enviarán en serie. En la recepción se realizaría el proceso inverso.

Si se necesitase más precisión se duplicaría esta estructura para un entero de 32bits, o directamente se extraería los bytes del valor en punto flotante y se reconstruirían en recepción. Para este proyecto con enteros de 16 bits y 2 decimales de precisión es más que suficiente.

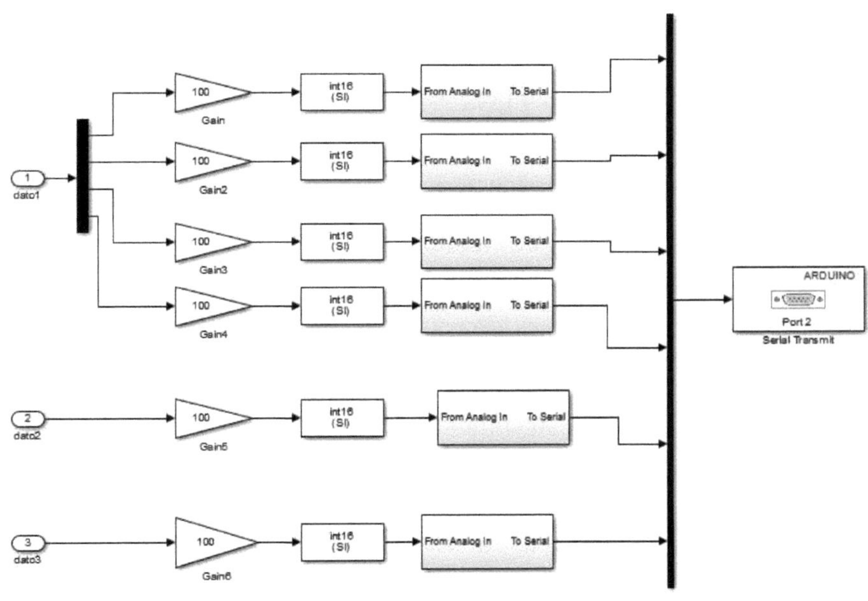

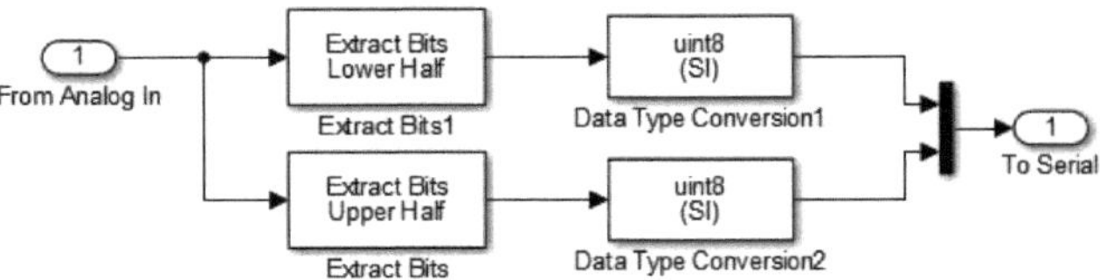

Fig. 65. Bloque Serial to WiFi y detalle bloque From analog to serial.

6.7.Aplicación para el ajuste de las ganancias del controlador LQR.

Para un ajuste fino y probar los distintos efectos de la variación de cada una de las ganancias del controlador LQR, se implementó la pareja de aplicaciones *LQR_tune* y *LQR_Tune_PC_App* para implementar en el microcontrolador controlar desde el PC respectivamente.

Básicamente la aplicación para programar en el robot se diferencia del control desarrollado en que esta mediante comunicación inalámbrica permite la modificación de los valores de las ganancias en tiempo real.

La diferencia se encuentra en el subsistema del controlador LQR, donde el sistema arranca con un controlador ya programado a la espera de iniciarse la comunicación con el host. Al recibir los datos se activa el otro controlador cuyos valores de las ganancias son los que se reciben desde el ordenador donde se ejecuta la aplicación complementaria.

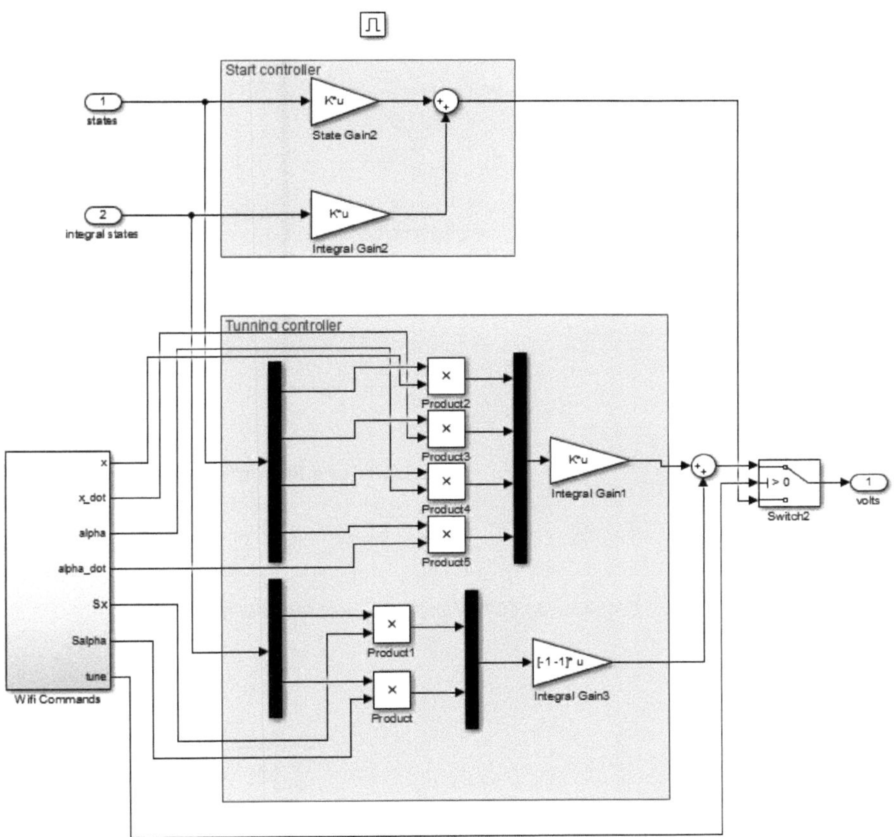

Fig. 66. Subsistema modificado para recibir las ganancias del controlador LQR vía WiFi.

La aplicación para ejecutar en el PC es sencilla e intuitiva de manejar, se basa en la selección de los valores de las ganancias mediante controles deslizantes conectados a las constantes que se envían al robot. Al detectar un cambio en el valor de las constantes se envían los nuevos valores, que se tratan de una secuencia de bytes, uno por cada ganancia, terminados con un terminador cuyo valor es el 254, es por ello que los controles deslizantes solo pueden estar en el rango de o a 253.

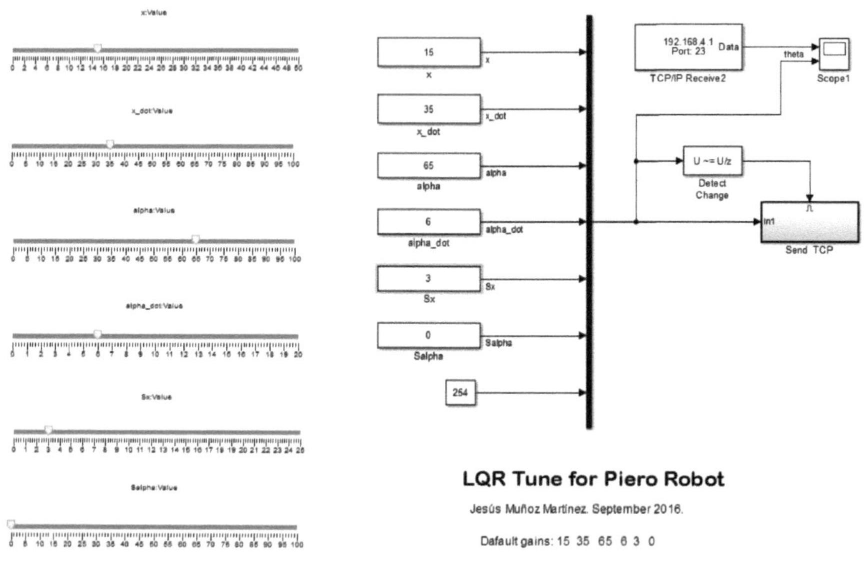

Fig. 67. Aplicación LQR_Tune para ejecutar en el host.

Capítulo 7. Resultados y análisis.

En este capítulo se describirá información obtenida en la implantación experimental del controlador en el robot, así como las acciones necesarias que ha habido que hacer para ponerlo en funcionamiento.

Se analizarán los resultados obtenidos centrándose en el rendimiento de los sensores y controladores.

7.1. Modificaciones para convertir a Piero en un robot autobalanceado.

7.1.1. Mecánicas.

Para convertir a Piero en un robot autobalanceado, se realizaron las modificaciones necesarias en el chasis que consistieron principalmente en quitar las dos ruedas locas que mantenían al robot estable convirtiéndolo en un sistema inestable. En su lugar para evitar que el chasis golpease el suelo cuando el robot estuviera parado se colocaron dos tacos de goma sujetados con tornillos.

Fig. 68. Ruedas locas desinstaladas.

7.1.2.Electrónicas.

Adición de un módulo de detección de movimiento, el cual consistió en el fabricado por InvenSense, MPU-9255 formado por un acelerómetro, giroscopio y magnetómetro con el fin de obtener la medida del ángulo de inclinación.

Fig. 69. Módulo de detección de movimiento InvenSense MPU9255.

7.2. Rendimiento de los sensores

7.2.1. Medida del ángulo. Filtro complementario.

Como ya se ha comentado[10], las medidas proporcionadas por los acelerómetros o giroscopios tiene el problema de ser muy ruidosas. Además, el acelerómetro se ve altamente afectado por los motores y las vibraciones producidas por las imperfecciones del terreno y el giroscopio al tener una deriva continúa y un offset inicial intrínseco afectado por la temperatura y otros factores hacen difícil trabajar con estos instrumentos.

En las siguientes gráficas, *ángulos en radianes/tiempo*, se observa la respuesta del filtro complementario frente a las medidas directas del ángulo con el giroscopio y con el acelerómetro.

Ambiente favorable, motores apagados: En esta prueba el robot se inclinó hacia sus ángulos más extremos tocando hasta tocar el suelo, utilizando la mano. Se observa que en el giroscopio (azul) aparece una deriva tras cambios grandes en la medida del ángulo. En el acelerómetro (verde) aparte de ser una señal con ruido, aparece una perturbación producida cuando el robot golpea el suelo a pesar de hacerlo con suavidad. La salida del filtro complementario (rojo) minimiza estos problemas.

[10] Consultar apartados 3.3 y 3.3.2.

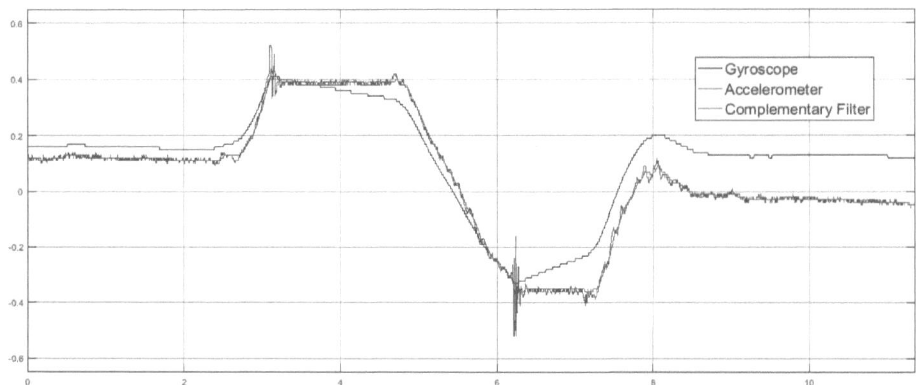

Fig. 70. Medida del ángulo de inclinación en un ambiente sin ruido.

Ambiente hostil, motores en marcha: En esta prueba el robot se inclinó hacia sus ángulos más extremos en el aire, estando los motores en marcha. Como era de esperar el acelerómetro (verde) es el protagonista de esta prueba por su alta sensibilidad al ruido. La salida del filtro complementario (rojo) también minimiza el ruido introducido por los motores.

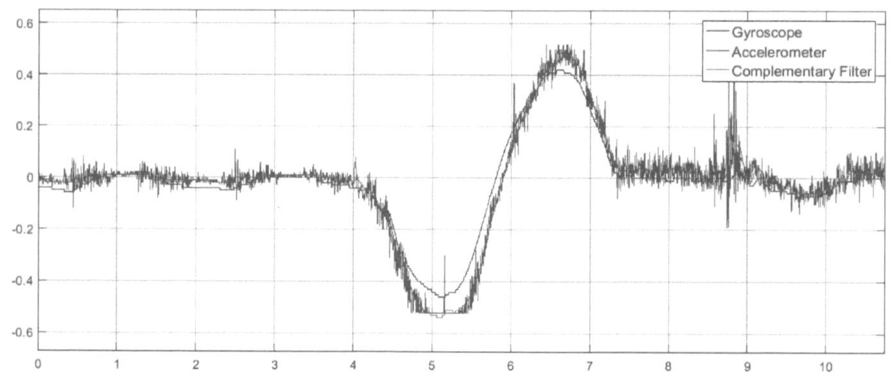

Fig. 71. Medida del ángulo de inclinación en un ambiente con ruido.

Filtro complementario. Variabilidad del parámetro alfa: En el filtro complementario el parámetro alfa es el que se encarga de dar más peso a la información proporcionada por el giroscopio o el acelerómetro.

Según las diversas pruebas realizadas para el módulo de detección utilizado, para valores del parámetro alfa entre 0.02 y 0.05 inclusive, el sistema tiene un funcionamiento correcto. El valor de 0.03 ha sido el elegido.

- Valores inferiores a 0.02 provocan que aparezcan los efectos de deriva del giroscopio.
- Valores superiores a 0.06 hacen que aumente la influencia del ruido del acelerómetro.

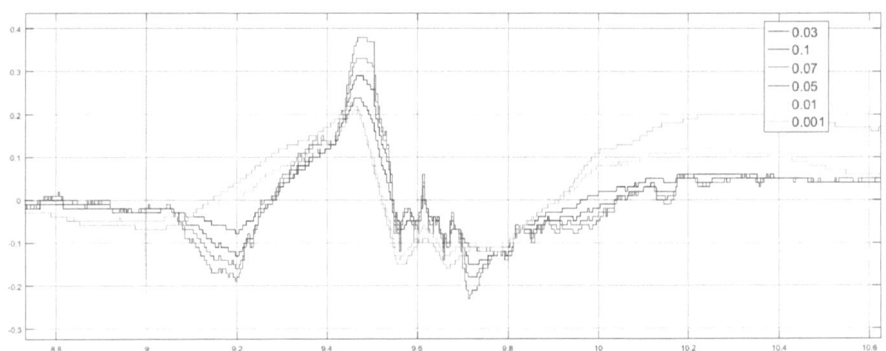

Fig. 72. Variabilidad de la medida del ángulo por el parámetro alfa.

7.2.2.Tiempo de muestreo.

El tiempo de muestreo al que funciona el sistema tomando lecturas y enviado comando a los motores es un parámetro que superando un umbral el sistema empieza a funcionar.

- A 0.1 segundos (10 Hz el robot no es capaz de mantener el equilibrio y se cae.
- A 0.04 segundos (25 Hz) el robot ya es capaz de mantener el equilibrio, aunque con algo de torpeza y aparece unas pequeñas oscilaciones en el ángulo de inclinación cuya frecuencia se acerca a la frecuencia de muestreo, ya que son provocadas por el pequeño valor de ésta. Se puede considerar que es tiempo umbral a partir donde el sistema ya es estable.

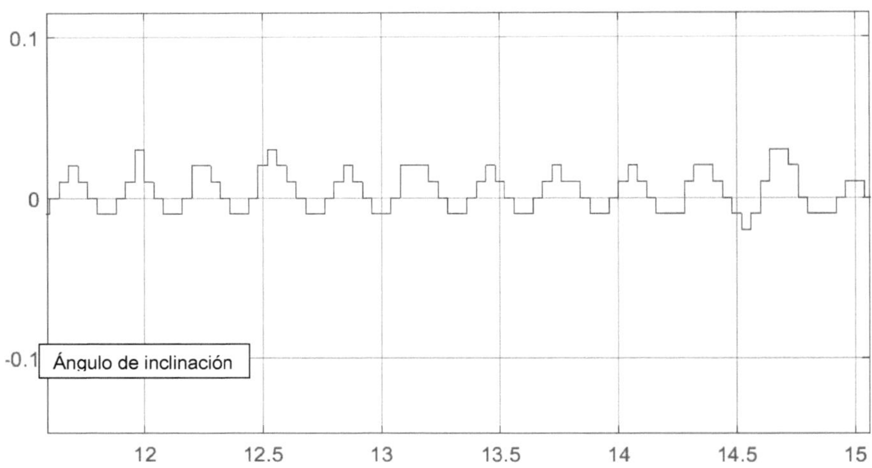

Fig. 73. Oscilaciones causadas por baja frecuencia de muestreo al mantener el equilibrio.

- A 0.01 segundos (100 Hz) el sistema funciona aparentemente bien, por lo menos en equilibrio estático. Al ordenarle una ruta el robot la realiza, pero con oscilaciones de ±10º (±0.17 rad).

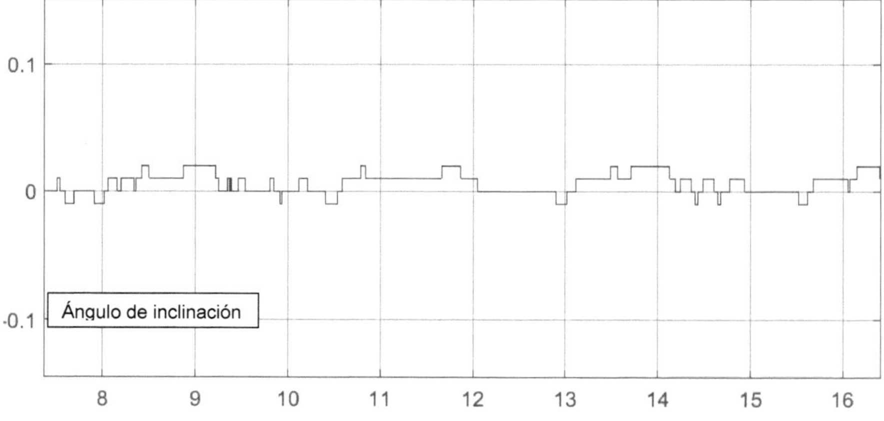

Fig. 74. Medida del ángulo en equilibrio a una frecuencia de muestreo adecuada.

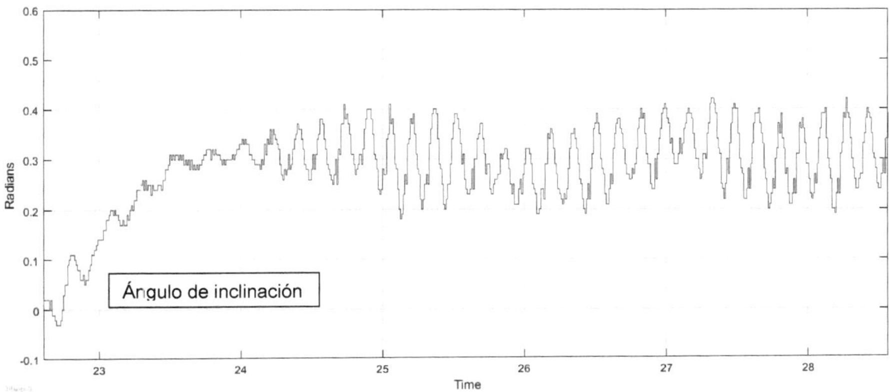

Fig. 75. Oscilaciones que aparecen realizando una ruta a 0.01s de tiempo de muestreo.

- A 0.003 (333 Hz) empieza a aparecer otra vez oscilaciones en equilibrio estático, pero esta vez son causadas por el colapso de la capacidad de procesamiento del procesador. Se supone que para implementaciones de software más ligero o con menos resolución de los encoder esta frecuencia se aumentará.

  Por tanto, buscando la respuesta más rápida y evitar el colapso de la CPU el sistema se ha implementado a 0.004 s de tiempo de muestreo o 250 Hz de frecuencia de muestreo.

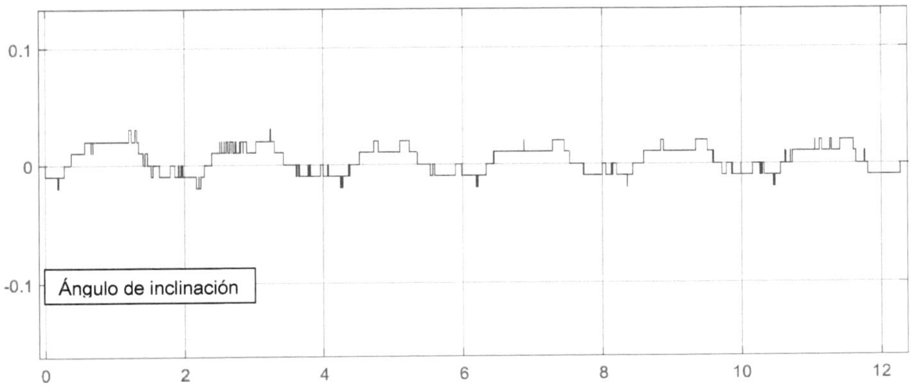

Fig. 76. Oscilaciones causadas por falta de capacidad de proceso del microcontrolador.

Por tanto, se concluye que el valor de la frecuencia de muestreo debe ser:

$$0.1\,s \leq Ts \leq 0.003\,s \qquad (7.1)$$
$$10\,Hz \leq Fs \leq 333\,Hz$$

7.2.3.Medida de la velocidad.

Para las medidas del desplazamiento y la velocidad el robot dispone en sus motores de unos encoder con una resolución de 6045.5 pulsos por vuelta de rueda, es decir de 0.06º.

Lo que a priori parece una gran ventaja[11], para este tipo de sistemas es un inconveniente por el alto consumo de recursos en su procesamiento.

En las primeras pruebas usando el doble de resolución[12] y una librería para el encoder que atendía a dos rutinas de interrupción por motor se alcanzaba el límite de la capacidad de procesamiento del microcontrolador. Hubo por tanto que usar la mitad de resolución y una librería evolucionada que utiliza una interrupción por motor apoyada en una lectura directa al registro del microcontrolador.

Por tanto, el funcionamiento correcto de las lecturas de la velocidad y posición de cada motor es algo primordial para el funcionamiento del controlador de equilibrio. También es indispensable para la sintonización del controlador PID por el método utilizado y explicado en el Sintonización del controlador PID.

En la siguiente gráfica se muestra la lectura de las velocidades de los dos motores en respuesta a distintos valores PWM mandados directamente al driver de los motores, esto permite obtener la relación PWM-velocidad del sistema motor:

---

[11] Este mismo controlador se ha probado en la versión del robot Piero 2 con encoders de resolución de 1 grado (360 pulsos por vuelta) sin pérdida de rendimiento.

[12] Habilitando los flancos de subida y bajada en las interrupciones.

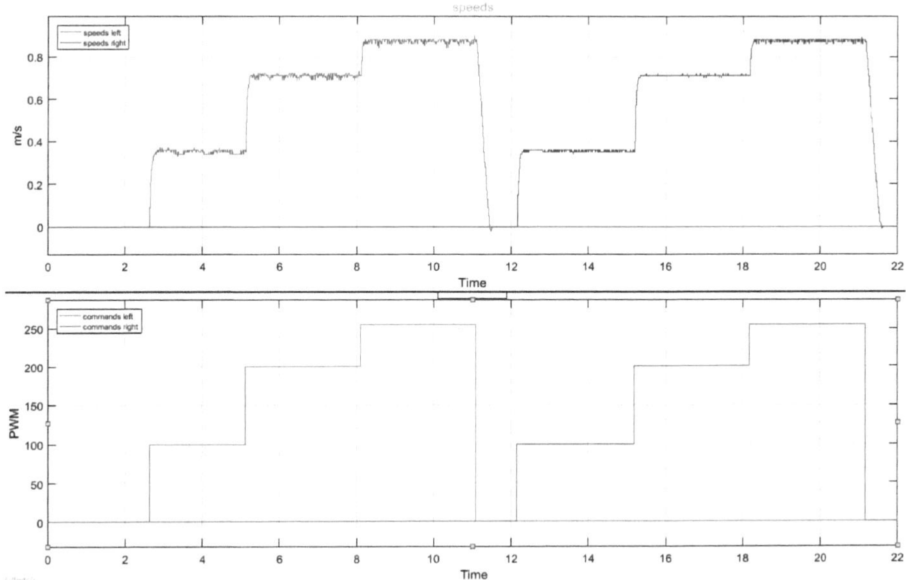

Fig. 77. Prueba de lectura de los encoder y respuesta de los motores.

7.2.4.Calibración de velocidad.

La calibración para que coincidiera la velocidad y el valor de los comandos se realizó mediante la captura de datos de la velocidad proporcionada por los encoders comparándolos con el comando recibido.

La relación obtenida entre los comandos y la velocidad real se implementó en el controlador mediante la constante *m2rad* dentro del subsistema *calibration reference*:

$$m2rad = 0.17$$

Como se puede observar en la siguiente gráfica los cambios de velocidad no son bruscos debido a que por diseño se colocaron unos limitadores que suavizan la pendiente en los cambios bruscos de velocidad y giro. Esto es importante ya que reduce posibles situaciones de desequilibrio por el golpe de par motor en aceleraciones fuertes.

También se observa que el robot no siempre alcanza la velocidad pedida si tiene una circunstancia que puede comprometer el equilibrio del mismo. Entre los segundos 9 y 13 ocurre esta circunstancia, provocada por la solicitación extra de un giro.

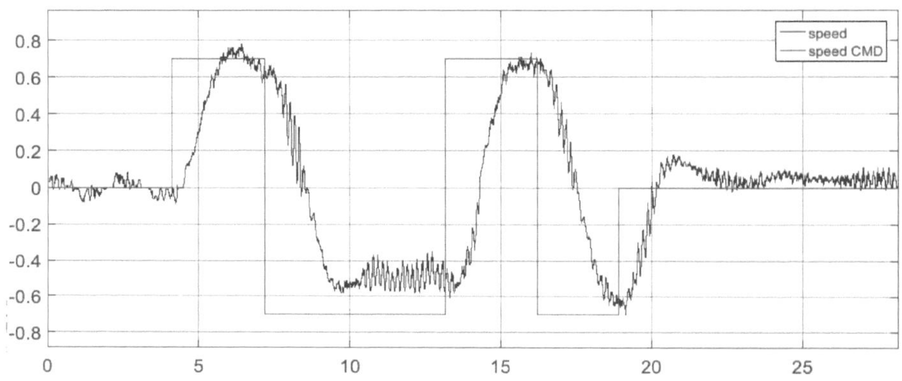

Fig. 78. Velocidad del sistema en respuesta al comando velocidad.

7.3.Análisis del controlador LQR.

7.3.1.Ajuste de ganancias.

Usando la aplicación desarrolla para el ajuste de las ganancias del controlador LQR, se ha podido estudiar cómo afectan las desviaciones de las ganancias obtenidas teóricamente y también hacer un ajuste fino de éstas.

Mediante los controles deslizantes se ha ido variando las ganancias y monitorizando el ángulo de equilibrio del robot. La siguiente figura es un ejemplo de ello.

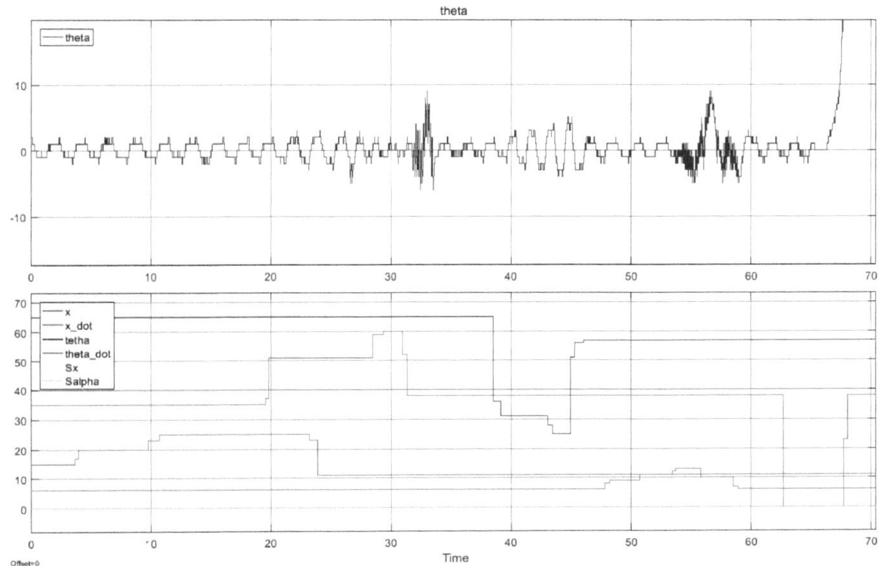

Fig. 79. Variación de las ganancias LQR y su efecto en el ángulo de inclinación.

Se observa por ejemplo que aumentos de la ganancia de la posición (x, verde), no afecta al equilibrio, ya se comentó que ésta afecta a desplazamientos sobre el punto de partida y para desplazar el robot hay que ponerla a cero.

Si la ganancia de la velocidad lineal (x_dot, rojo) aumenta en exceso empieza a provocar ruido en los motores, pero si se lleva a cero el robot pierde el equilibrio, como se ve en el final de la gráfica donde el ángulo de inclinación se dispara porque el robot se ha caído.

Una disminución de la ganancia del ángulo de inclinación (theta, azul) provoca que el controlador sea más lento y la amplitud de las oscilaciones sea mayor.

En cambio, un aumento de la ganancia de la velocidad angular (theta_dot, magenta) provoca que el robot empiece a vibrar porque los motores van saturados oscilando en entre marcha adelante y atrás.

7.3.2. Cargas. Cambios del centro de gravedad.

Para probar el rendimiento del controlador una de las pruebas es colocar una carga encima del robot para alterar su centro de masas o de gravedad.[13] La siguiente prueba se realizó en continuo. Se han capturado los desplazamientos (x, magenta), velocidad (x_dot, azul), ángulo de inclinación (theta, rojo) y velocidad angular (tetha_dot, verde.)

1. **Estado de equilibrio**: Se observa que el ángulo de inclinación ronda el 0º y las señales que predominan son las velocidades lineales y angulares del movimiento que el robot realiza para mantener el equilibrio. El robot corrige cuando se desequilibra. Las amplitudes de estas señales sirven como referencia para considerar cuando se ha llegado a una situación de equilibrio estable.
2. **Carga de 250 gramos en un extremo**: Esta masa es asumible por el par motor de los motores y el robot vuelve a un estado de equilibrio. Aquí ocurre que el centro de masas se desplaza hacia adelante.
   En la telemetría se observa que el momento cuando se coloca la carga el robot se desplaza hacia delante, *x* y *x_dot* aumentan hasta que el robot contrarresta el peso de la carga y las va llevando a cero. Para ello el robot se inclina hacia atrás para contrarrestar el peso de la carga, razón de *theta* tenga valor negativo. Al estar continuamente los motores ejerciendo par el robot se mantiene sin oscilaciones ya que en ningún momento se pasa por una situación de equilibrio.
3. **Carga de 250 gramos sobre el centro de gravedad**: Aquí el centro de masas se eleva. Tras desplazar la carga del extremo al eje que pasa por el centro de gravedad se produce un desequilibrio que tras corregirse se vuelve a una situación parecida a la inicial, sin carga. La amplitud de las velocidades es ligeramente mayor.
4. **Carga de 1000 gramos sobre el centro de gravedad**: La fuerza ejercida por el peso de esta carga cuando se desequilibra no puede ser contrarrestada por el par de los motores. El sistema tiende al desequilibrio y terminaría cayéndose, en la gráfica vuelve al equilibrio porque se retiró la carga.

---

[13] Al encontrarse en un campo gravitatorio uniforme ambos términos son equivalentes.

En la telemetría se observa que las amplitudes de todos los valores empiezan aumentar mientras oscila.

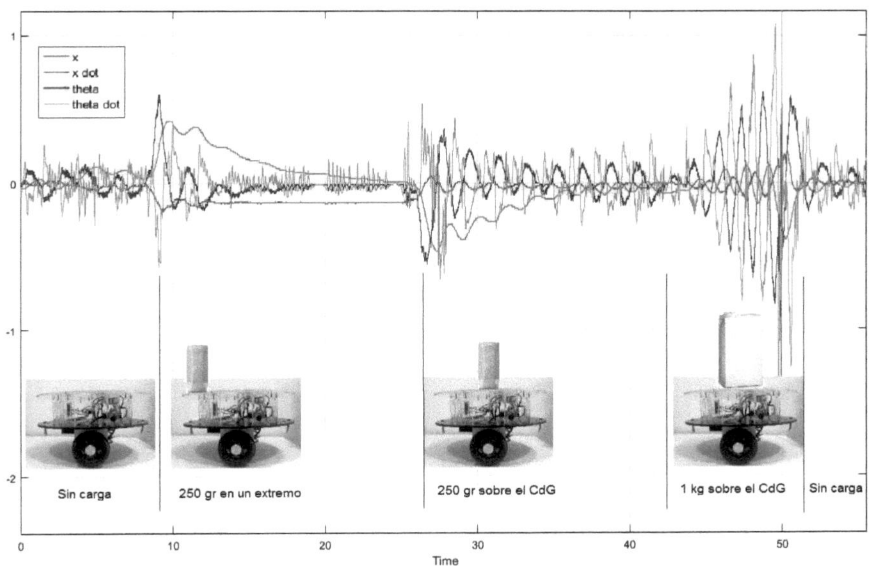

Fig. 80. Respuesta del controlador al cambio del centro de gravedad.

7.3.3.Par motor.

La fuerza ejercida por suma del par ejercido por ambos motores es la única fuerza que puede ejercer el controlador para mantener el equilibrio.

Por el motivo anterior se deduce que, a mayor par, el controlador será capaz de equilibrar perturbaciones de mayor amplitud.

En la versión del robot Piero con motores EMG30 con el doble de par[14], éste podía soportar mayores cargas y perturbaciones. Fue capaz de equilibrar el brick de 1 kilogramos de la prueba del apartado anterior.

[14] Par del EMG30 de 1.5 Kg/cm frente a 0.75 kg/cm del MITSUMI M25N

7.4.Análisis del controlador PID.

Primero hay que destacar que sin el controlador PID no se dispone **control de giro** ya que es el encargado de realizarlo.

Aunque visiblemente se veían los beneficios del control PID se han realizado dos telemetrías para demostrar su rendimiento. En la primera sin el control PID activado y en la segunda con el controlador PID activado.

En ambas capturas de datos la gráfica superior muestra el ángulo de inclinación (tetha, azul) y la gráfica inferior los metros recorridos por la rueda izquierda (x_left, verde) y la rueda derecha (x_right, rojo).

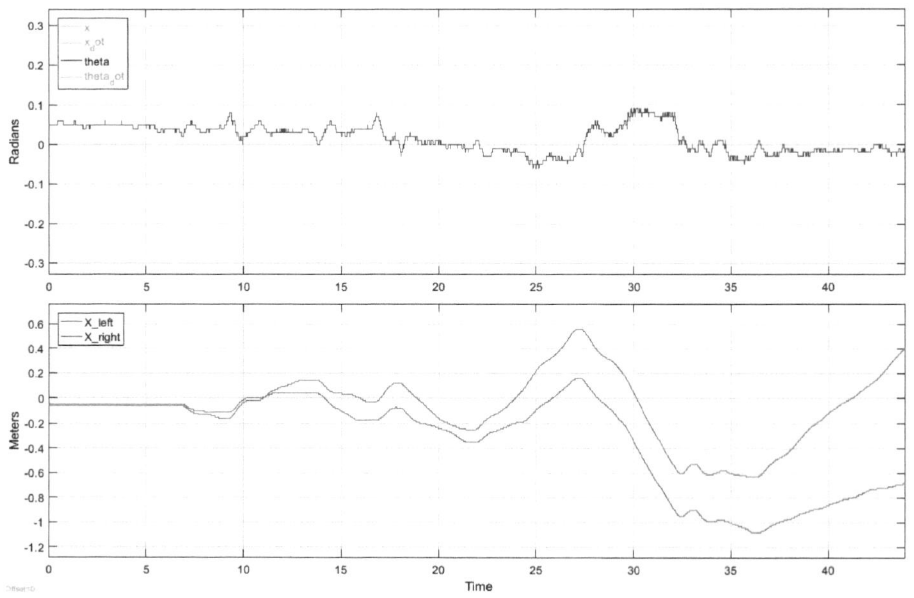

Fig. 81. Equilibrio y desplazamiento sin el control PID activado.

En un primer análisis de la gráfica sin controlador PID se deduce que el robot no se desplaza en línea récta ya que las distancias recorridas por las ruedas no son las mismas, observándose una gran desviación por lo que hay bastante diferencia entre los motores.

Tambien se observa que se mantiene el equilibrio, gracias al controlador LQR, pero desviado de los 0º y con bastante picos , lo que visualmente se traducía a que el robot temblaba a veces y estaba no estaba todo lo firme que se deseaba. Esto es debido a que los motores tienen una zona muerta,que aunque el controlador LQR proporcione tensión para eliminarla **al ser distinta** para cada motor el resultado no es simétrico. Habría que realizar un diseño con 2 controladores LQR independientes para cada motor.

En la gráfica con el controlador PID activado se observa por el contrario que el robot se desplaza en linea recta, las curvas de la distancia recorrida por los motores tiende a solaparse.

Con respecto a la gráfica del ángulo de inclinación se aprecia la estabilidad del robot y como se inclina correctamente en los desplazamientos hacia adelante y hacia atrás. Sin el PID no lo hacía correctamente por lo que era más fácil de que perdiera el equilibrio y por tanto las velocidades alcanzadas menores.

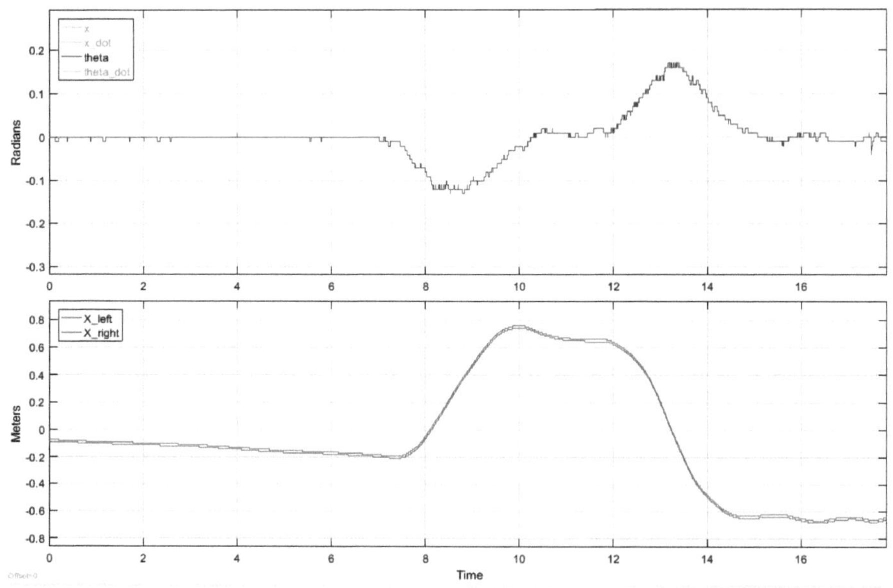

Fig. 82. Equilibrio y desplazamiento con el control PID Activado.

7.5. Ejemplo de rutas programadas: trazado de pista atletismo.

En la aplicación *BalancedControlPieroPCApp* se ha implementado, además del control manual, la programación de rutas para que el robot realice automáticamente. Los controles usados se pueden ver en la siguiente figura.

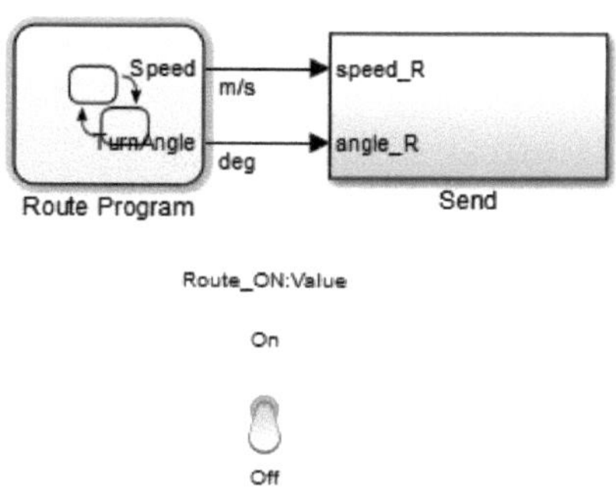

Fig. 83. Controles para programar rutas en la aplicación para PC.

Pulsado sobre *Route Program* se accede a la herramienta *StateFlow* que permite la creación de un diagrama de estados donde se podrá ir estableciendo los tiempos en donde se cambian los valores de la velocidad y giro que permite el control diseñado para el robot, para así crear una ruta programada.

En este ejemplo se expone una ruta con la forma de los campos de atletismo, trazándose por el robot indefinidamente. Su diagrama de estados programado sería:

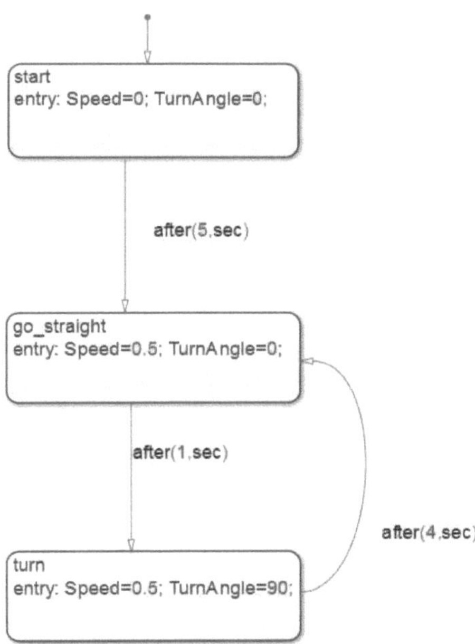

Fig. 84. Diagrama de estados de la ruta programada.

El robot tras estar un tiempo inicial en espera, inicia el trazado de la línea recta a 0.5 m/s recorriendo unos 1.5 metros, momento en el que inicia un giro de 180º para lo que necesita 4 segundos ya que va a una velocidad de 0.5 m/s y el comando es de 90º si fuese a 1 m/s. A continuación, vuelve a trazar la línea recta y luego otra vez el giro y así indefinidamente.

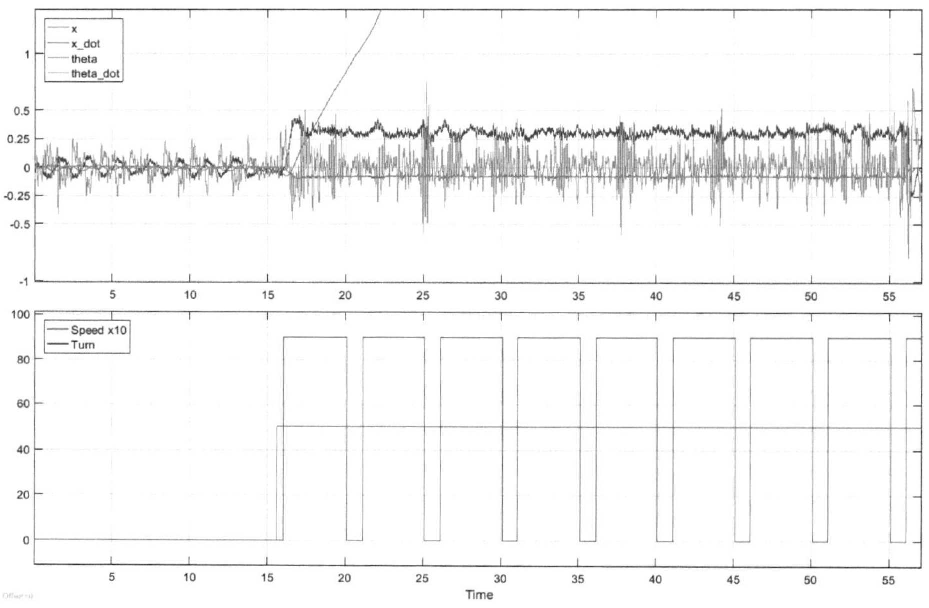

Fig. 85. Captura de datos mientras se realiza una ruta programada.

7.6.Portabilidad del controlador: Otros robots.

Es posible portar el controlador a otro robot autobalanceado basado en el problema del péndulo invertido, con solo cambiar los parámetros[15] en la función de inicialización siempre y cuando se respeten las conexiones hardware y éste sea de la familia Arduino y el módulo de detección de movimiento de la familia MPU-xxxx de InvenSense.

[15] Para obtener los parámetros de los robots se explica el proceso en la sección 5.1.

Model initialization function:

```
Ts=0.004;  %step time.
cal_time=1; %calibration time for gyro
Rw=0.04;  %radius wheel.
wb=0.26; %Wheelbase
zTurn_on=1; %Let zero degrees turn
deg2rad=pi/180; %degrees to radians constant.
m2rad=0.17; %Meters/s to radians.Experimental constant.
kt=0.5 %Torque constant


% ------ for encoders -----------
gr=18.1;    %Motor Gear ratio.
ec=334;     %encoder counts per revolution motor.
counts_to_meter=(2*Rw*pi)/(gr*ec); %encoders counts to meter.

% ------ for gyro & accel ----------
bG=16; %bits of ADC Gyroscope.
rG=501; %range os Gyro (+-250º/s).
ADC2deg=rG/2^bG;    %raw data of gyro to degrees.
deg_offset_install=89.53; %offsey caused by install mpu board.
cf_g=0.05;    %complementary filter gains constant.
```

Fig. 86. Parámetros del robot e inicialización.

El controlador diseñado ha sido probado en varios robots, aunque la base del proyecto ha sido la versión más moderna, el robot Piero 3.

Para el inicio del proyecto y no comprometer la integridad del hardware por los innumerables golpes que puede recibir en los primeros intentos se desarrolló una versión de muy bajo coste basado en la misma placa controladora que la que usa la plataforma Piero, la Arduino Mega 2650. A este robot, Minipiero, se le puede considerar el "dummy" de la familia.

El funcionamiento del controlador en este robot es también óptimo. Aunque es el más ligero, es el que tiene el centro de gravedad más alto pero la alta relación de su reductora (48:1) hace que sus pequeños motores lo equilibren sin problemas pudiendo hacerlo con un solo motor trazando círculos como hacen también los Piero.

Inicialmente disponía de unos encoders de muy baja resolución, y a pesar de obtener una buena medida del ángulo de inclinación el equilibrio era muy pobre. La sustitución por unos encoder ópticos de más resolución solucionó el problema y sirvió para tener en cuenta la importancia de estos sensores de posición.

Este robot y el Piero 2 utilizan una versión del módulo de detección de movimiento con solo acelerómetro y giroscopio, el MPU-6050. La carencia del magnetómetro no implica que no pueda mantener el equilibrio, solo lo hace un poco más sensible al ruido y perturbaciones pero que sólo se aprecian cuando está al lado de otro robot con el módulo con magnetómetro.

Fig. 87. Robot Minipiero.

El siguiente robot en el que se probó el controlador fue el robot Piero 2, del que destaca el par de los motores EMG30, el doble que los de Piero 3 debido al voltaje de su batería, y sus encoders de media resolución con lo que se reduce la carga de trabajo del microcontrolador. En Piero 3 las lecturas de los encoders se realizan de una forma más avanzada que soluciona este problema. Esta versión de Piero tiene el centro de gravedad algo desplazado hacia atrás por la disposición de la batería, situación que no era ningún inconveniente que no corrija el controlador, pero que proporciona información importante. De todas formas, con la adición de contrapesos se puede centrar el CdG para facilitar la labor del controlador, como sería el caso de la adición de periféricos como el brazo robótico del que dispone la plataforma.

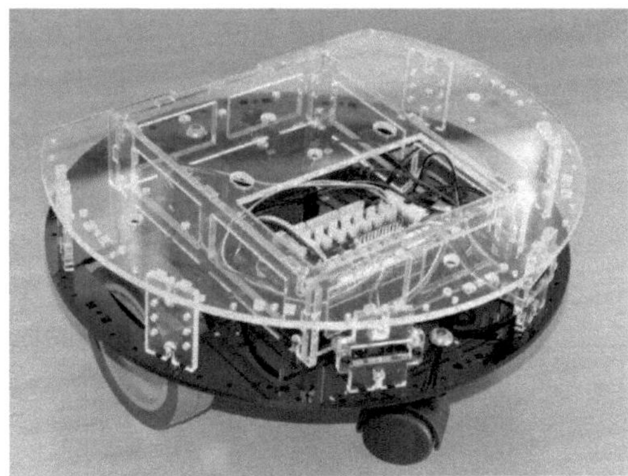

Fig. 88. Robot Piero 2.

Debido a que cada robot tiene unas características que destacan sobre otro, la información que aporta cada uno usando el mismo controlador proporciona una información utilísima sobre cómo afecta al comportamiento del controlador las variaciones de sus parámetros, como el peso, distancia del CdG, par motor o inercias.

Capítulo 8. Conclusiones.

8.1. Consecución de objetivos y conclusiones.

La meta principal de este proyecto era conseguir que el robot Piero se mantuviera en **equilibrio** y desarrollar un controlador confiable, la cual ha sido conseguida en su totalidad. Para ello, el uso de un controlador **LQR**, que gestiona la posición, velocidad, ángulo de inclinación y velocidad angular del robot es necesario para obtener el equilibrio óptimo del robot ya que opciones como controladores P, PI, PID y PID en cascada, o no consiguen el equilibrio o lo hacen con resultados muy pobres.

El factor más importante para hacer que el controlador funcione es obtener una medida limpia del **ángulo de inclinación**. Inicialmente sorprende la enorme cantidad de **ruido** que inducen los motores, haciendo imposible el equilibrio. Para filtrar el ruido se pueden usar filtros avanzados, pero con un alto coste computacional como el de Kalman u optar por combinar los datos del **acelerómetro y giroscopio**, el primero con una medida precisa pero muy afectada por el ruido y el segundo no afectado por las vibraciones, pero con una deriva en la medida que solo lo hace útil para medidas incrementales. Se ha demostrado que la opción elegida de combinar ambos dispositivos mediante un **filtro complementario** bien ajustado ha sido un acierto. También la adición de un magnetómetro en el filtrado aporta una mejora sensible como se comprueba con el modelo superior del módulo de detección de movimiento que incluye este tercer dispositivo.

Dependiendo del **tipo de acción** que se desee que el robot realice, variaciones de las **ganancias** del controlador LQR son posibles o necesarias. Por ejemplo, para permitir el movimiento hay que anular la ganancia de la posición, ya que dependiendo del valor de la misma el robot intentará volver a la posición inicial con más o menos celeridad.

El **control de velocidad** implementado sobre el controlador LQR, una vez calibrado experimentalmente proporciona resultados confiables siempre que se tenga en cuenta la **descarga de la batería**, por lo que se debe de monitorizar la misma y compensar por el controlador la pérdida de potencia.

Para la implementación del **control de giro** y obtener desplazamientos en **línea recta**, la utilización de un controlador **PID sobre los motores** en cascada proporciona excelentes resultados anulando la falta de simetría entre los motores y mejora la acción del controlador LQR. Por ello se propone como una alternativa a aumentar la complejidad del controlador LQR añadiéndole más estados, opción que también debe ser contemplada.

Multitud de pruebas realizadas durante el desarrollo del controlador en diversas situaciones y en **tres robots diferentes**, demuestran un óptimo funcionamiento del controlador. Los robots probados son Piero 3, sobre el que está basado este trabajo; Piero 2, de chasis parecido, centro de gravedad más bajo y con el doble de par motor, y una versión más ligera de los anteriores en tamaño, peso y prestaciones que se desarrolló para este proyecto por razones de salvaguardar daños en el hardware más caro y por disponibilidad. Los tres robots tienen suficiente par motor para levantarse y ponerse en equilibrio por si solos, además la implementación de un **control de caídas** que reinicia al mismo evita daños en el hardware.

En la versión de Piero 2, con el doble de par motor, el robot mantiene el equilibrio con más carga o con la misma, pero con el centro de gravedad más alto que lo que puede hacer Piero 3. Estos resultados eran los esperados, ya que el robot solo dispone del **par motor** para contrarrestar las **perturbaciones externas**, como empujones, una pendiente o una carga que eleve el centro de gravedad.

También se comprueba que la elevación del **centro de gravedad** del conjunto**,** es un factor más crítico que la **cantidad de masa** de la carga. Por ejemplo, se equilibra más fácil un libro en posición horizontal sobre el robot que otro más ligero en posición vertical. En condiciones iniciales, por la simetría de su diseño, el centro de gravedad recae en la mitad del chasis y en equilibrio el ángulo de inclinación ronda el cero.

La implementación de las **comunicaciones** del robot mediante un puerto serie sobre el estándar **WiFi** como alternativa al puerto serie sobre USB, proporciona un rendimiento **superior,** además de la telemetría en situaciones no posibles usando el cable USB, como por ejemplo para el **modelado** de los motores **en carga**. Por tanto, se trata de una mejora sustancial, apoyada además por la implementación de aplicaciones de control en dispositivos móviles, aumentando la portabilidad del robot.

La utilización de los conocimientos adquiridos en el Grado de Ingeniería Electrónica Industrial como desarrollo de controladores PID, las herramientas

Matlab y Simulink, la resolución de problemas de Física y otras materias en menor medida han sido fundamentales para el éxito en este trabajo.

Aparte, nuevos conocimientos en control mediante ecuaciones de estado como los controladores LQR, sobre dispositivos como acelerómetros, giroscopios y magnetómetros, sobre filtros complementarios y de Kalman[16], comunicaciones inalámbricas y baterías de litio entre otros son también necesarios y por tanto adquiridos para el desarrollo de este proyecto.

El contacto con un hardware libre y accesible como el robot Piero, proporcionado por el Departamento de Ingeniería de Sistemas y Automática, así como las herramientas de MathWorks adquiridas por la Universidad de Málaga, permite al alumnado llevar a cabo sus propias iniciativas e ideas, como ocurrió en el curso pasado en el desarrollo de la asignatura de Regulación Automática donde ya se empezó a gestar la base de éste y otros trabajos al estar en contacto con el robot Piero.

El reto de conseguir evolucionar al robot Piero y ver el resultado obtenido es por tanto motivo de satisfacción y el resultado de aplicar los conocimientos adquiridos en el grado y durante el desarrollo de este proyecto.

[16] Este filtro no fue necesario implementarlo en el diseño final.

Fig. 89. Robot Piero autobalanceado transportando un laptop. Robot Roomba al fondo.

8.2. Líneas de desarrollo futuras.

Con la experiencia adquirida en el desarrollo de este tarbajo se proponen las siguientes posibles líneas de desarrollo futuras.

- Realización del control autobalanceado con otras estructuras de controladores, como por ejemplo dos controladores LQR en paralelo.
- Implementación con un controlador LQG (LQR + Kalman) y comparar con el desarrollado LQR+PID en cascada.
- Estudio de aplicación de nuevas técnicas de filtrado, por ejemplo, filtro de Kalman y Madwick.
- Control de giro utilizando el módulo MPU-9255. Usando los otros ejes.
- Desarrollo del uso del magnetómetro como control de giro.
- Comunicaciones con el ESP8266 mediante protocolo UDP basado en datagramas.
- Aplicación de control para Android basada en Simulink.

Bibliografía

[1] J. M. Gómez de Gabriel, «PIERO Mobile Robot Platform,» 2014. [En línea]. Available: http://gomezdegabriel.com/projects/piero-mobile-robot-platform/.

[2] InvenSense, «MPU-9255,» [En línea]. Available: https://www.invensense.com/products/motion-tracking/9-axis/mpu-9255-2/. [Último acceso: 2016].

[3] Arduino, «MPU-6050 Accelerometer + Gyro,» [En línea]. Available: http://playground.arduino.cc/Main/MPU-6050. [Último acceso: 2016].

[4] MITSUMI, «M25N-2 SERIES DC MINI MOTORS,» [En línea]. Available: www.mitsumi.co.jp/latest/Catalog/pdf/motorav_m25n_2_e.pdf. [Último acceso: Junio 2016].

[5] roboremo, «ROBOREMO,» [En línea]. Available: http://www.roboremo.com/. [Último acceso: Febreo 2015].

[6] Jeelabs, «ESP-LINk,» 2015. [En línea]. Available: https://github.com/jeelabs/esp-link. [Último acceso: 2016].

[7] N. Team, «NodeMCU, An open-source firmware.,» [En línea]. Available: http://nodemcu.com/index_en.html. [Último acceso: 2016].

[8] NodeMCU, «NodeMCU Documentation,» [En línea]. Available: http://nodemcu.readthedocs.io/en/master/. [Último acceso: 2016].

[9] P. Jennings, «ESP8266 Projects, ESP8266 Lua Loader,» [En línea]. Available: http://benlo.com/esp8266/#LuaLoader. [Último acceso: 2016].

[10] Random Nerd , «Flashing NodeMCU Firmware on the ESP8266 using Windows,» [En línea]. Available: http://randomnerdtutorials.com/flashing-nodemcu-firmware-on-the-esp8266-using-windows/. [Último acceso: 2016].

[11] K. Ogata, Ingeniería de control moderna 5º Ed., Prentince-Hall, 2010.

[12] J. L. Beltrán Alonso, «Simulación de un péndulo invertido,» Sevilla, 2010.

[13] J. Mayné, Sensores, acondicionadores y procesadores de señal., SILICA, 2003.

[14] Mathworks, «MakerZone Arduino, Raspberry PI and Lego Mindstrorms Resources.,» [En línea]. Available: http://makerzone.mathworks.com/. [Último acceso: febrero. 2016].

[15] J. Hurst, «Mechatronics Rensselaer,» [En línea]. Available: http://homepages.rpi.edu/~hurstj2/. [Último acceso: febrero 2016].

[16] Brian Bonafila, Nicklas Gustafsson, Per Nyman, Sebastian Nillson, «Self-balancing two wheeled robot report,» Chalmers. Suecia.

Anexos.

Anexo I. Código en Matlab para el cálculo de ganancias del controlador LQR.

```
%Parameters Piero3

Mb= 1.685;        %[kg] pendulum weight.
W = 0.30;         % body width [m]
D = 0.30;         % body depth [m]
H = 0.125;        % body height [m] 12 cm
Jb= ((Mb*(W/2)^2)/4)+((Mb*H^2)/12);    %[kg/m2]=0.0117 pendulum
inertial moment at gravity center.
Mw= 0.097;        %[kg]wheel weight.
r= 0.04;          %[m] wheel radius.
Jw= (Mw*r^2)/2;  %[kg/m2] wheel inertial moment.
L= 0.050;         %[m]distance from wheel to pendulum gravity center.
Ke= 0.43;         %[voltios*s/radianes] motor back-EMF constant.
Kt= 0.25;         %[newtons*metro/amperios] Motor torque constant.
R= 12.5;          %[omhs]motor resistor. (d:13,4, I:11.6)
b= 0.004;         %viscosity friction constant.
g= 9.81;          %[m/s2] gravity.


% State-Space Matrix Calculation

alfa=(2*(R*b-
Ke*Kt)*(Mb*L^2+Mb*r*L+Jb))/(R*(2*(Jb*Jw+Jw*L^2*Mb+Jb*Mw*r^2+L^2*Mb
*Mw*r^2)+Jb*Mb*r^2));
beta=(-L^2*Mb^2*g*r^2)/(Jb*(2*Jw+Mb*r^2+2*Mw*r^2) + 2*Jw*L^2*Mb +
2*L^2*Mb*Mw*r^2);
gamma=(-2*(R*b-Ke*Kt)*(2*Jw +Mb*r^2 +2*Mw*r^2
+L*Mb*r))/(R*r*(2*(Jb*Jw +Jw*L^2*Mb +Jb*Mw*r^2
+L^2*Mb*Mw*r^2)+Jb*Mb*r^2));
delta= (L*Mb*g*(2*Jw +Mb*r^2 +2*Mw*r^2))/(2*Jb*Jw +2*Jw*L^2*Mb
+Jb*Mb*r^2 +2*Jb*Mw*r^2 +2*L^2*Mb*Mw*r^2);
epsilon=(Kt*r)/(R*b-Ke*Kt)

A=[0 1 0 0; 0 alfa beta -r*alfa; 0 0 0 1; 0 gamma delta -r*gamma]
B=[0;alfa*epsilon; 0; gamma*epsilon]
C=[0 0 1 0; 0 0 0 1]
D=[0;0]


%Criterials matrix Q for LQR controller:

 max_position=0.0001; %max motor position in meters (aprox 0)
 max_velocity=0.0001; %max motor velocity in m/s (aprox 0)
 max_angle=0.17; %max body angle in rad (10 deg)
 max_rate=100; %max body rate in rad/sec (100 rad/sec)
```

```
 max_drive=12; %max pwm or volts to drive motor

 Q=diag([1/sqrt(max_position) 1/sqrt(max_velocity)
1/sqrt(max_angle) 1/sqrt(max_rate)]);
 R=1/sqrt(max_drive);
 N=zeros(4,1);
 [K,S,E]=lqr(A,B,Q,R,N)


%LQR controller with integral states

O4=[0;0;0;0];
C1=[1 0 0 0];
C2=[0 0 1 0];
AA=[A,O4,O4;C1 0 0;C2 0 0]
BB=[B;0;0]
 max_position=0.0001; %max motor position in meters (aprox 0)
 max_velocity=0.0001; %max motor velocity in m/s (aprox 0)
 max_angle=0.17; %max body angle in rad (10 deg)
 max_rate=100; %max body rate in rad/sec (100 rad/sec)
 max_drive=12; %max pwm or volts to drive motor
 max_error_x=0.01; %max
 max_error_angle=0.17; %max
 QQ=diag([1/sqrt(max_position) 1/sqrt(max_velocity)
1/sqrt(max_angle) 1/sqrt(max_rate) 1/sqrt(max_error_x)
1/sqrt(max_error_angle)]);
 RR=1/sqrt(max_drive);
[K2,S,e] = lqr(AA,BB,QQ,RR);


'-------- LQR Gains-------------------'
K
'-------- LQR + Integal states Gains -'
K2
```

Printed by Books on Demand GmbH, Norderstedt / Germany